国家出版基金项目
NATIONAL PUBLICATION FOUNDATION

"十三五"国家重点出版物出版规划项目·重大出版工程

高超声速出版工程

组合动力飞行器
多学科设计优化方法

黄 伟 张天天 颜 力 赵振涛 著

科学出版社

北 京

内 容 简 介

本书从几何参数化建模、动力建模、弹道建模、气动建模、质量建模等各个方面详述了组合动力飞行器多学科设计优化方法,结合两层系统集成优化策略,获取到综合性能较优的飞行器总体方案;建立了耦合 RBCC 推进系统和宽速域飞行器气动外形的组合动力飞行器总体方案,可为高超声速飞机的工程化提供技术保障。本书学科模型的建立更加精细、准确、系统,与公开文献的试验数据进行了充分对比验证,可为高超声速飞机总体设计提供参考。

本书可作为航空航天相关专业科研人员和工程技术人员的参考书,也可作为从事高超声速飞行器总体设计技术研究教师和研究生的参考书。

图书在版编目(CIP)数据

组合动力飞行器多学科设计优化方法 / 黄伟等著.
—北京:科学出版社,2021.11
高超声速出版工程 "十三五"国家重点出版物出版规划项目 重大出版工程 国家出版基金项目
ISBN 978-7-03-070340-8

Ⅰ.①组… Ⅱ.①黄… Ⅲ.①飞行器—最优设计 Ⅳ.①V47

中国版本图书馆 CIP 数据核字(2021)第 223459 号

责任编辑:徐杨峰 / 责任校对:谭宏宇
责任印制:黄晓鸣 / 封面设计:殷 靓

科学出版社 出版
北京东黄城根北街 16 号
邮政编码:100717
http://www.sciencep.com
南京展望文化发展有限公司排版
苏州市越洋印刷有限公司印刷
科学出版社发行 各地新华书店经销

*

2021 年 11 月第 一 版 开本:B5(720×1000)
2021 年 11 月第一次印刷 印张:14 1/2
字数:252 000
定价:120.00 元
(如有印装质量问题,我社负责调换)

高超声速出版工程

专家委员会

丛书序

飞得更快一直是人类飞行发展的主旋律。

1903 年 12 月 17 日,莱特兄弟发明的飞机腾空而起,虽然飞得摇摇晃晃,犹如蹒跚学步的婴儿,但拉开了人类翱翔天空的华丽大幕;1949 年 2 月 24 日,Bumper-WAC 从美国新墨西哥州白沙发射场发射升空,上面级飞行马赫数超过 5,实现人类历史上第一次高超声速飞行。从学会飞行,到跨入高超声速,人类用了不到五十年时间,蹒跚学步的婴儿似乎长成了大人,但实际上,迄今人类还没有实现真正意义的商业高超声速飞行,我们还不得不忍受洲际旅行十多个小时甚至更长飞行时间的煎熬。试想一下,如果我们将来可以在两小时内抵达全球任意城市,这个世界将会变成什么样? 这并不是遥不可及的梦!

今天,人类进入高超声速领域已经快 70 年了,无数科研人员为之奋斗了终生。从空气动力学、控制、材料、防隔热到动力、测控、系统集成等,在众多与高超声速飞行相关的学术和工程领域内,一代又一代科研和工程技术人员传承创新,为人类的进步努力奋斗,共同致力于达成人类飞得更快这一目标。量变导致质变,仿佛是天亮前的那一瞬间,又好像是蝶即将破茧而出,几代人的奋斗把高超声速推到了嬗变前的临界点上,相信高超声速飞行的商业应用为期不远!

高超声速飞行的应用和普及必将颠覆人类现在的生活方式,极大地拓展人类文明,并有力地促进人类社会、经济、科技和文化的发展。这一伟大的事业需要更多的同行者和参与者!

书是人类进步的阶梯。

实现可靠的长时间高超声速飞行堪称人类在求知探索的路上最为艰苦卓绝的一次前行,将披荆斩棘走过的路夯实、巩固成阶梯,以便于后来者跟进、攀登,意义深远。

以一套丛书,将高超声速基础研究和工程技术方面取得的阶段性成果和宝贵经验固化下来,建立基础研究与高超声速技术应用之间的桥梁,为广大研究人员和工程技术人员提供一套科学、系统、全面的高超声速技术参考书,可以起到为人类文明探索、前进构建阶梯的作用。

2016 年,科学出版社就精心策划并着手启动了"高超声速出版工程"这一非常符合时宜的事业。我们围绕"高超声速"这一主题,邀请国内优势高校和主要科研院所,组织国内各领域知名专家,结合基础研究的学术成果和工程研究实践,系统梳理和总结,共同编写了"高超声速出版工程"丛书,本丛书突出高超声速特色,体现学科交叉融合,确保具有系统性、前瞻性、原创性、专业性、学术性、实用性和创新性。

这套丛书记载和传承了我国半个多世纪尤其是近十几年高超声速技术发展的科技成果,凝结了航天航空领域众多专家学者的智慧,既可供相关专业人员学习和参考,又可作为案头工具书。期望本套丛书能够为高超声速领域的人才培养、工程研制和基础研究提供有益的指导和帮助,更期望本套丛书能够吸引更多的新生力量关注高超声速技术的发展,并投身于这一领域,为我国高超声速事业的蓬勃发展做出力所能及的贡献。

是为序!

2017 年 10 月

前　言

　　高超声速技术被认为是继战机和核武器后又一个改变战争游戏规则的革命性产物,实现以组合循环发动机为动力的天地往返运载系统工程化是掌握制太空权的关键。它代表着一个国家开发并利用空间的能力,是综合衡量一个国家军队战斗力和生存力的重要标志。

　　随着航空航天技术的飞速发展,单一类型的动力形式已不能完全满足天地往返运输系统快速、廉价、自由往返空间和临近空间高动态飞行器灵活、多任务飞行等需求,发展新一代低成本、高效可重复使用的航天运输系统已成为未来航空航天领域发展的必然趋势,对非对称制空权的争夺也驱使各国不断推进临近空间高动态飞行器的研制和技术攻关。通过对独立推进单元不同程度、不同方式的集成获得不同形式的组合动力,发挥不同类型动力系统在各自工作范围内的技术优势,可以充分拓展飞行包线,提高飞行效率。

　　组合动力飞行器的显著特点在于子系统之间的耦合作用突出,总体优化设计涉及气动、推进、弹道、控制、结构与防热等众多学科,设计过程需要综合考虑指标分配、部件设计、部件间的匹配、性能分析与验证和多物理场耦合特性分析等,合理分配宽包线下的设计约束和目标函数,在多评估点下开展总体优化设计,需要研究总体各子系统设计参数之间的相互影响和作用关系,建立组合动力飞行器各子系统之间的匹配设计方法和组合动力飞行器综合性能评估方法,解决强耦合设计问题。

　　本书基于高可信度数值模拟分析的多学科分析与优化设计技术开展组合动力飞行器总体设计,旨在提升组合动力飞行器的综合性能,适应高超声速飞机的发展需求。全书首先实现和验证了学科分析中常用的数值计算方法、工程估算方法、试验设计方法及代理模型技术,为简化学科分析过程,提高优化效率打下前期基础;然后通过对比和应用,选择了适合飞行器外形学科分析的参数化建模方法;基于热力学分析,设计了火箭基组合循环发动机全速域推进性能估算程序;基于二维弹道方程,研究了飞行器上升段与再入段轨迹设计与优化方法;基于锥导和吻切锥乘波理论,提出了新型宽速域滑翔和吸气式巡航飞行器构型设计方法;最后在各学科分析模型和代理模型基础上,建立了组合动力飞行器学科关系矩阵,梳理了外形、气动、推进、质量和弹道学科之间的参数耦合关系,提出了两层集成优化的优化策略,实现了以最小爬升时间为优化目标的多学科设计分析与多学科设计优化过程。

本书内容丰富而翔实,除可用作飞行器总体设计相关学科专业的本科和研究生教材之外,也可供从事相关专业的技术人员参考。本书是笔者及笔者所领导的团队近年来的研究成果。本书的主要内容来源于笔者指导的博士研究生、硕士研究生的研究工作,以及相关的论文。

感谢王振国院士在职业素养培育方面给予的教诲和帮助,是这些素养成就了本书的出版,以及多学科设计优化方向在国防科技大学的可持续发展。感谢军事科学院陈小前院长对多学科设计优化方向的大力支持。同时,向没有列出名字但在本书出版过程中给予了各方面帮助和支持的同事、学生表示感谢。

本书得以出版,要特别感谢国家自然科学基金委员会的大力支持,感谢国家自然科学基金(项目编号 11972368)和国家重点研发计划(项目编号 2019YFA0405300)的资助,感谢科学出版社对高超声速飞行器总体设计专著出版的帮助和持之以恒的支持。

作为研究成果,本书不可避免地存在不完善的地方或者见解,书中内容的表述也会存在不妥当的地方,衷心希望各位专家和广大读者不吝批评和指正。

作　者
2021 年 5 月
于湘江河畔

英文缩写表

英 文 编 写	中　　文
ANORA	极差分析
ANOVA	方差分析
BLSIO	两层系统集成优化
B – Spline	B 样条
CFD	计算流体动力学
CST	类别/形状函数转换
DOE	试验设计
DSM	设计结构矩阵
FFD	自由网格变形
GA	遗传算法
LHS	拉丁超立方采样
MDA	多学科设计分析
MDF	多学科可行方法
MDO	多学科设计优化
MSPE	均方预估误差
OED	正交试验设计
RANS	雷诺平均方程
RBCC	火箭基组合循环
SVD	奇异值分解
TBCC	涡轮基组合循环

高超声速出版工程

目 录

丛书序
前言
英文缩写表

第1章 绪 论

第2章 组合动力飞行器设计中的研究方法与验证

第 3 章   参数化建模方法研究与比较

第 4 章　RBCC 发动机热力学模型建立与分析

第 5 章　组合动力飞行器弹道设计

第 7 章　组合动力飞行器多学科设计优化研究

175

参　考　文　献

198

附录　DOE 分析支撑数据

213

第1章

绪　　论

在过去的一百多年里,人类掌握了航空航天领域的多项关键技术,并且发明了各式各样的航空器、航天器。飞行成了日常生活中不可或缺的旅行方式,载人航天正带领人类开拓新的空间。在全球化进程中,飞机飞行速度的提升可以进一步拉近世界各地距离,提高合作效率,因此超声速客机和高超声速运载器的研究一直备受关注。与此同时,在航天领域,以更加经济可重复的方式将有效载荷送入太空,或者实现空间自由往返,是未来发展的趋势[1-3]。因此,航空与航天之间的界限将因为组合动力飞行器的出现而变得模糊。

宽速域飞行器指能够在两个或两个以上速域范围内自主飞行的飞行器,其中全速域飞行器能够实现在低速、跨声速、超声速和高超声速条件下自主飞行。作为客机,它能够实现自主水平起降和高超声速巡航,进一步缩短旅行时间;作为航天运载器,它可以替代火箭将载荷运至临近空间后返回地面,节约发射成本;作为武器,它能够更加快速灵活,降低被拦截概率。由于该类飞行器的研发涉及先进的气动外形设计理论、组合动力发动机技术、宽速域控制技术、结构和气动弹性技术、热防护等学科及学科间耦合问题,因此它成为大国之间综合实力比拼的焦点之一。

1.1　研究背景与意义

近年来,美国开展了多项新概念飞行器的飞行试验,并在高超声速飞行器技术及空间往返飞行器等领域取得突破性进展。美国国防部高级研究计划局在先进全速域发动机(AFRE)项目上的投资从2017年的1 350万美元增加到2019年的5 302.8万美元[4-6],可见美国正致力于发展全速域飞行器技术。随着洛马公司研制 SR-72 的消息发布(图 1.1)[7],涡轮基组合循环(TBCC)发动机技术无疑成了 AFRE 项目的重点发展对象。该型发动机的构想是让双模态超燃冲压发动机和涡轮发动机共用进气道和尾喷管[8](图 1.2),从而充分发挥美国在涡轮发动机和双模态冲压发动机领域的技术优势。2017 年 7 月,美国政府官员在 AIAA 推进与能源会议期间透露,美国高超声速飞机的发展和方案选择将发生重大调整,将采取"爬-走-跑"的渐进式路径,采取"先机载发射、再水平起降"的思路分两步发展:一是利用载机从空中放飞,分离后利用火箭助推到高超声速,再利用吸气式动力巡航;二是采用组合发动机,实现在常规跑道上水平起降。同时,美国 Hermeus 公司也披露了高超声速民用飞机计划,同样计划采用 TBCC 发动机,最大巡航速度将达到马赫数 5[9],如图 1.3 所示。除此之外,波音公司的高超声速幻影快车、德国宇航中心的 Sanger、英国的云霄塔、欧洲联盟的 HEXAFLY 飞行器等均为近年来提出的面向空间往返设计的新概念飞行器系统[3,10]。

图 1.1　SR-72 想象图[3]

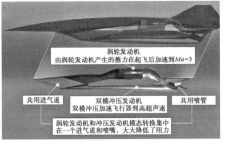

图 1.2　SR-72 采用的 TBCC 示意图[7]

图 1.3　高超声速民用飞机想象图[9]

图 1.4　HAWC 概念构型及作战想象图[9]

　　高超声速是组合动力飞行器技术难度最大的速域之一,高超声速飞行器的研发是发展组合动力飞行器的关键环节,已经成为世界各大国军备竞争的重点突破方向[8]。美国国防部在 2019 财年投入高超声速领域的财政预算比 2018 年增长 61%,超过 10 亿美元,多项预研项目将转入型号研制[11]。2020 财年,美军的高超声速科研项目经费更是达到了 26 亿美元[9]。其中,高超声速吸气式武器方案(HAWC)项目是美军在该领域的重点发展方向之一,意图演示和验证低成本空射型巡航导弹技术。2019 年 5 月,最新 HAWC 概念图公布,其概念图与作战方案构想如图 1.4 所示。该图展示出该项目计划采用火箭助推和超燃冲压两级动力方案[9]。HAWC 的飞行试验原定于 2019 年年底展开,而在 2020 年 6 月,有消息称一枚 HAWC 导弹原型机在开展系留飞行试验过程中意外脱离载机并发生损坏。此次意外展现了 HAWC 试验进度的滞后,也从侧面反映了试验难度。

2018 年,俄罗斯公布了"匕首"高超声速航空弹道导弹和先锋高超声速助推-滑翔导弹,成为首个部署高超声速武器的国家[8,9,11]。2019 年 2 月,俄罗斯又公开了锆石高超声速反舰导弹的飞行性能[9],其最大飞行马赫数为 9,航程达到 1 000 km,很大可能具备了吸气式巡航能力[12]。日本于 2018 年首次披露了高超声速巡航武器关键技术研究项目,致力于研发长航时超燃冲压发动机技术、高超声速飞-发一体化技术,以及耐热材料与结构技术等[8,13]。2019 年防卫装备厅拨付 3.9 亿元用于高超声速巡航导弹技术研究[14]。英国反应发动机公司(REL)开展了佩刀吸气式火箭发动机(SABRE)研究,计划应用于"云霄塔"空天飞机。当前该发动机已完成马赫数 5 条件下的 1 000 ℃ 高温热试车,加快了空天飞机动力系统的研发进度[9,11]。此外,印度、法国等国家也启动了高超声速巡航武器的研发计划[9,15]。

尽管我国航空工业起步较晚,但是在几代人的不懈努力下,我国还是在高超声速飞行器技术及双模态冲压发动机技术等领域取得许多成果。以此为基础,通过预先研究,有希望在后续组合动力飞行器的研究中走在世界前列。然而我国的航空工业基础相对薄弱,应该充分吸取美国、俄国等国家在研究和试验等方面的经验教训,避免走弯路。21 世纪以来,美国多次进行 HTV-2、X-51A 等验证机的飞行试验,但大多以失败告终,这很大程度上是由于没能兼顾各个学科的发展导致的。例如 HTV-2 飞行器采用了乘波体构型设计,具有较好的气动性能,然而在 2010 年的飞行试验中,因控制系统故障导致试验失败。这充分表明高超声速飞行器的设计自始至终都应充分考虑各个学科的协调发展。因此,飞行器多学科设计优化具有重要的研究价值。以下将分别根据组合动力飞行器的研究现状和多学科设计优化技术的研究现状综述国内外研究发展现状。

1.2   组合动力飞行器研究概况

1.2.1   组合动力飞行器气动外形

飞行器设计首先要考虑的是气动外形[16]。气动外形直接影响飞行器的航程、弹道、经济性、稳定性和操纵性[17]。伴随着临近空间飞行器技术及超燃冲压发动机技术的发展,飞行器的飞行包线有望覆盖低速到高超声速之间的所有速域,因此设计或改进飞行器气动外形具有重要意义,使其在宽速域条件下均具备良好气动性能。然而低速条件下的不可压流场和超声速条件下的可压流场对飞行器气动外形的需求不同。例如,传统飞机常采用大展弦比机翼和圆头尖尾的翼型来提高升力,但这种构型在超声速下会产生巨大的波阻。解决该问题的一种方法是采用可变几何构型。这种方案早在 19 世纪 40 年代就已出现。比较典型的变几何构型飞行器包括美国的 F-14 飞机和苏联的米格 23,它们均可根据飞行速度的需要改变机翼后掠角,从而同时具备亚声速和超声速执行任务的能力[18]。长期以来,对可变形飞行器的研究也一直没有中断,例如 Afonso 等[19] 通过在连接翼布局的基础上改变机翼扭转角和弯折角使其适应不同飞行条件。Liu 等[20,21] 通过多学科设计优化技术研究了变形乘波体构型,使其在大范围飞行包线内具备连续稳定的乘波特性。罗浩等[22,23] 在宽速域类乘波构型的基础上加装可变菱形翼,通过调整机翼伸缩量适应不同的速度条件。Dou 等[24] 通过采用可变构型进气道对不同马赫数下的前体激波进行捕捉,为发动机保证了充足的进气量。然而可变形机构的设计难度大,操纵结构复杂且重量大,制约了飞机的载荷、隐身等性能。因此,从设计阶段就兼顾构型的宽速域性能也受到了广泛研究[25]。韩忠华等[26] 通过优化方法,设计了在跨声速条件下有优秀性能的高超声速翼型,并应用于高超声速飞机的机翼设计。王发民等[27] 设计了串联乘波体构型,增加了构型乘波速度范围。陈立立等[28] 将不同乘波构型进行先拆解后组装,形成并联式宽速域乘波体。李世斌等[29,30] 基于锥导乘波理论,提出了等物面角和等激波流场两类宽速域乘波构型。赵振涛等[31,32] 利用密切锥理论变化密切锥乘波体底面流线追踪马赫数条件,使得到的宽速域乘波构型波后流场条件更加均匀,更适用于进气道一体化前体设计。

依据空气动力学理论设计的构型固然具备其独特的优势,但是面对复杂多变的来流环境,构型实际性能可能并不如预期。通过构型的参数化与优化设计能够产生更新颖的构型,并帮助设计者发现气动性能与构型形状之间的隐含规律[33,34]。随着计算机技术和数值仿真技术的进步,基于参数化建模的外形优化方法得到广泛研究。此类气动外形设计方法一般需要考虑三方面要素,即外形的参数化建模、气动参数计算方法选择和验证,以及优化算法的应用。

飞行器的参数化建模是气动外形设计和结构分析中十分重要的环节,是飞行器外形设计和优化的基础[35-37]。设计者按照一定规则给定的参数控制飞行器构型,并对该构型进行分析和优化,从而能够设计出满足一定约束和期望的外形。随着飞行器构型越来越复杂,设计精度要求越来越高,迫切需要发展拟合精度高、参数化范围广、设计变量少及对设计参数反应灵敏的参数化建模方法[38-40]。传统的方法是在已有构型的基础上不改变部件特征,仅以初级特征的控制参数作为设计变量[33,35,41-43]。例如图1.5中所展示的吸气式巡航飞行器构型是将各部件的尺寸和角度作为设计参数进行优化[44]。这种方法简单直观,能够充分利用已有信息并对各特征进行调整。然而该方法难以设计出高超声速飞行器一体化设计所需的各种复杂几何曲面,因此多种针对曲线和曲面设计的参数化建模方法应运而生。

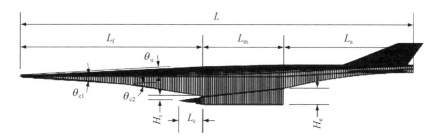

图1.5 吸气式巡航飞行器气动-推进一体化构型整机参数化模型[44]

L代表飞行器总长;L_f、L_m、L_a分别代表飞行器前体、发动机燃烧室、飞行器后体长度;L_c是发动机外罩长度;H_i和H_e分别代表发动机入口和出口高度;θ_{c1}和θ_{c2}分别代表第一级和第二级压缩角

B样条方法是将一系列基函数通过控制点进行线性组合的方法。它因强大的局部修饰能力及灵活的控制特性而广泛应用于各类CAD软件[45]。在飞行器外形设计领域,它常被应用于飞机翼型的设计[46-50]、高速飞行器截面曲线设计[51]、乘波构型基曲线设计[52]等。类别/形状函数转换(CST)法的提出是为了对翼型进行双层拟合[53,54]。该方法利用类函数确定基准曲线,再利用形状函数进一步修饰。由于类函数本身就可以给出翼型的普遍特征,因此该方法对翼型设计具有独特优势[55-62]。当前除了翼型设计,CST还广泛应用于翼身融合体截

面和进气道基曲线等构型的设计[36,63-66]。PARSEC 方法在翼型的优化设计中扮演着重要角色,其因固定的具有实际意义的设计变量而在气动研究和分析中广泛采用[67-69]。该方法与其他参数化建模方法的结合可以更加充分地展现其直观性优势[70,71]。除以上方法外,在翼型设计领域应用比较广泛的还有 Hicks - Henne 方法[40,48,72-75]和奇异值分解(SVD)方法[73,76]等。

在三维外形的参数化设计中,常用的做法是将二维条件下设计的曲线进行三维放样得到曲面。例如 Zhang 等[77]用二维 CST 方法设计了机翼根部、转折处和翼梢的翼型,然后放样得到机翼外形。Ma 等[36]和 Liu 等[78]将高超声速升力体飞行器划分为若干截面,通过二维 CST 方法对截面曲线进行参数化设计,并通过放样的手段得到设计构型。而随着计算能力的增强,直接将平面参数化公式拓展为三维参数化公式,能够让设计的三维曲面更加可控。例如,Su 等[79]和 Straathof 等[61,80]基于三维 CST 方法分别实现了 X - 33 飞行器的外形优化和三维机翼的精确设计。Han 和 Zingg[81]及 Martin 等[82]将三维 B 样条方法应用于机翼设计;Theisinger 和 Braun[83]利用三维有理 B 样条方法对高超声速返回舱的气动面进行了参数化设计。FFD 方法与以上方法不同,它是在已有构型基础上通过空间映射,将初始构型形状用少量控制点坐标进行控制,如图 1.6 所示。该方法已经集成在 SU2、Ansys 等流体计算软件或代码中[84,85],广泛应用于运载火箭的气动外形建模[37]、升力体飞行器的三维建模[86,87]、再入飞行器设计[88]、三维机翼的参数化设计[89,90],以及动车组气动外形的参数化设计与优化[91]等领域。

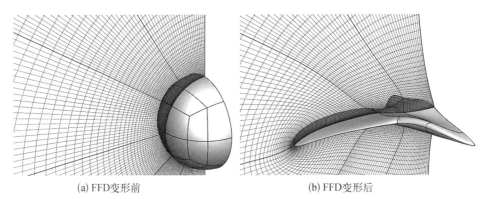

(a) FFD变形前　　　　　　　　　　　(b) FFD变形后

图 1.6　FFD 参数化方法将球变形为飞翼构型[87]

1.2.2　吸气式冲压发动机

组合动力飞行器的飞行包线范围大,因此需要面对各种各样的来流条件。

如图 1.7 所示,没有哪一类发动机能够在全速域内均有最佳表现[92]。尽管火箭发动机是当前唯一能够在全速域内工作的发动机,并且 SpaceX 公司已经实现了火箭及助推器回收技术[93],但是火箭的低比冲性能使得其发射成本较大,而且很难应用于航空领域。组合循环发动机有望成为适应空天往返和宽速域载人运输的动力系统。此类发动机不像组合推进系统那样将多种发动机串联或并联在一起[94],而是一个能够在不同环境下转换工作模态的发动机系统。

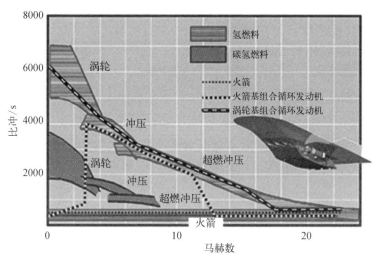

图 1.7　不同发动机比冲性能对比[92]

火箭基组合循环(RBCC)发动机和涡轮基组合循环(TBCC)发动机是组合循环发动机的两个重要分支[95]。两者的主要区别是在亚声速和低超声速条件下的工作模态不同。尽管两者都利用空气中的氧气作为氧化剂,RBCC 发动机是通过火箭的引射作用将外界大气送入进气道,而 TBCC 则是利用涡轮压缩机系统吸入空气[96]。涡轮压缩机系统在低速条件下的工作效率比引射器高,但它在高马赫数条件下停止工作时会成为流道中的障碍物,只能将其与双模态冲压发动机流道分开,使发动机结构变得复杂。同时,沉重的涡轮压缩机系统也限制了有效载荷的载量[97]。相比之下,RBCC 的火箭与冲压发动机共用流道,省去了复杂的结构,减少了多余的重量,并能够在大气层外采用火箭推进,有望实现单级入轨。

美国的 Rocketdyne 公司和 Marquardt 公司在 RBCC 的研究中扮演了重要角色,它们早在 1958 年便进行了 RBCC 发动机的研究,在 NAS7 - 377 的合同框架下提出了 36 种候选 RBCC 概念构型,并在提出的引射火箭基础上进行了引射模态测试[98,99]。然而,由于当年冲压发动机和超燃冲压发动机技术的局限性,

RBCC 的研究一直未取得突破进展。近年来,随着 X – 43A 飞行器的成功试飞,氢燃料冲压发动机技术展现了其可行性[100-102]。另外,波音公司 X – 51A 在飞行试验中获得正推力,使得碳氢燃料超燃冲压发动机也登上历史舞台[103]。鉴于冲压发动机和超燃冲压发动机技术均已取得突破,人们开始将目光集中于双模态冲压发动机技术,并重新燃起了对 RBCC 发动机的研究热情。另外,计算能力的提升及先进数值格式的发展也为发动机技术的研究提供了技术支撑。

实验技术和 CFD 仿真技术的发展让 RBCC 各个模态的工作原理变得越来越清晰。NASA 的 Lewis 研究中心在高超声速自由射流式风洞(HTF)中研究了支板喷射(strujet)构型 RBCC 在马赫数为 5~7 条件下的发动机冷流性能,同时也验证了 HFT 系统的可靠性[104,105]。日本宇宙航空研发机构(JAXA)提出了 E3型 RBCC 发动机系统概念[106,107],该构型想象图如图 1.8 所示。基于该构型,试验测试了 RBCC 发动机海平面条件下的引射工作模态,成功获得了发动机内的压力和马赫数分布信息,为未来对引射器工作过程的建模提供了指导[108]。JAXA 还实验研究了气态氢氧发动机燃烧室工作状态及热损伤,并得出了低马赫数条件下推力增益不足的结论[109,110]。加拿大 Carlton 大学提出 Exchange Inlet 构型用于 RBCC 进气道设计[111,112],并与日本学者一道开展了流道的试验验证与分析[113]。我国西北工业大学长期开展 RBCC 发动机技术的研究,当前已经在自由射流式风洞中开展了一体化 RBCC 发动机模型的全尺寸试验[114]。他们还通过直连式试验和数值仿真方法研究了模态转换过程中的燃烧过程和火箭工作状态,展现了支板位置和凹腔位置对引射-亚燃模态转换过程的影响[115-118]。

推进剂供给系统和冷却系统   二级燃料喷注孔

空气 →   进气道   火箭   燃烧室   外部喷管

图 1.8   日本 E3 型 RBCC 发动机想象图[106]

针对各国在过去几十年对 RBCC 系统的研究,Zhang 等[97]从总体设计的角度综述各个国家的项目进展。Huang 等[92]综述了组合循环系统模态转换过程方面的研究内容。鉴于 RBCC 发动机引射模态下的低推力增益问题是当前阻碍 RBCC 发动机工程化进一步发展的障碍之一,Shi 等[119]和 Dong 等[120]均从引射模态的角度回顾了过去几十年中取得的进展。由于 RBCC 发动机的性能对于单级入轨(SSTO)和两级入轨(TSTO)任务很有吸引力,因此为预估该系统的工作

性能产生了很多一维和热力学分析程序。Olds 等[121] 基于 C 语言发展了
SCCREAM 程序,用于预测 RBCC 发动机在引射、冲压、超燃冲压和纯火箭模态下
的工作性能。为了提高其估算性能,该程序被发展出了多个升级版本[122-124]。
Williams[125] 基于 MATLAB 发展了 ERIDANUS 程序,能够计算纯火箭模态以外的
RBCC 发动机其他模态工作性能。Mogavero 等[126] 发展了 HyPro 程序,用于分析
和优化超燃冲压模态下的发动机性能。当前版本的 HyPro 已具备计算 RBCC 发
动机所有模态性能的能力[127,128]。Kathleen[129] 发展了 VTMODEL 程序,用于分
析冲压模态下的发动机性能。Wang 等[130] 为了研究引射模态下的热拥塞问题,
发展了 RBCC 发动机准一维分析程序。Kim 等[131] 将开发的小尺度 RBCC 发动
机分析程序运行结果与 Hyshot 飞行数据进行了对比。Yang 等[132] 基于热力学
分析评估了碳氢燃料超燃冲压发动机的比推力性能,该分析方法同样应用在引
射器的工作性能评估之上[133]。

　　很多针对 SSTO 和 TSTO 任务的预先研究是以 RBCC 发动机作为既定动力
系统而展开的。NASA 结合 Hyper－X 计划开展的 ISTAR 计划将 Strutjet 矩形截
面 RBCC 发动机作为动力系统[134],采用可变进气道构型和多级燃料喷注体系。
尽管该计划已经进入地面试验阶段,并且完成了火箭推力器测试,然而随着
NASA 研究重心的转移,该项目于 2003 年暂停[135]。NASA 格林研究中心将三个
半轴对称式 RBCC 发动机作为动力系统,开展了单级入轨飞行器 GTX 概念构型
的研究。该构型每个发动机进气道的中心锥可以前后移动,以在不同来流条件
下改变进气道和喉部外形参数,其切口型的喷管能利用构型底部面积增大膨胀
比[136,137]。图 1.9 展示了 GTX 概念构型及其试验采用的 RBCC 发动机模型。日
本对 E3 发动机研究的初衷也是实现以 RBCC 发动机作为动力系统的 SSTO 任
务[106],为此设计了长约 80 m,质量约 460 吨的类 X－43A 形状的机体[138,139]。

(a) GTX构型想象图　　　　　　　　　(b) GTX采用的RBCC发动机

图 1.9　GTX 概念构型及其采用的 RBCC 发动机[136]

在 TSTO 方面,美国 Georgia 科技公司尝试将增压引射冲压发动机(SERJ)与德国提出的 Sanger 载机进行一体化设计,计划使载机具备将载荷送入太空后自行返回地面的能力[137,140]。

对于组合动力飞行器的多学科设计优化研究,RBCC 发动机无疑是理想的动力系统选项。然而当前鲜有公开的 RBCC 发动机性能评估程序,因此需要结合飞行器构型设计,自主开发一套适应性强的 RBCC 发动机程序,为多学科设计优化打下基础。

1.2.3　组合动力飞行器弹道设计与优化

采用组合动力系统的宽速域飞行器飞行轨迹包括起飞段、爬升段、巡航段和返回段。其中起飞段的速度低、动压小,需要构型具备较大升力系数和推力系数;爬升段攻角大、过载大,需要较大的推力;巡航段来流动压大,需保持稳定的推力来源;返回段则需要通过合理的控制方式使飞行器充分减速。对于宽速域飞行任务,合理的弹道规划和优化设计能够充分利用构型气动性能和发动机性能优势,提高飞行器的飞行品质[141]。尽管组合循环发动机系统及组合动力飞行器的构型还在论证和研发阶段,但以它们为基础的弹道设计工作却已同步展开。王厚庆等[142]建立了以 RBCC 发动机为动力的巡航飞行器飞行轨迹和质量分析数学模型,验证了 RBCC 发动机作为巡航飞行器推进系统是可行的。詹浩等[143]利用数值积分方法,计算并比较了采用 RBCC 动力水平起飞、垂直起飞及纯火箭动力垂直起飞的运载器飞行弹道。计算结果表明,相比于纯火箭动力,RBCC 动力有效地降低了运载器的燃料消耗量,但热环境明显恶劣。薛瑞等[144]研究了 RBCC 动力飞行器助推段等动压弹道设计方法,根据动力学和运动学方程,提出了基于高度步长的等动压轨迹生成方法。Dalle 等[145]研究了冲压-超燃冲压模态转换中发动机不启动对高超声速飞行器上升轨迹的影响。

弹道优化通常是在已知飞行器气动和推进性能的基础上,通过控制飞行姿态和发动机推力等主动设计参数来实现航程最大、有效载荷最大、燃油消耗最小或飞行成本最低等目标。弹道优化不同于传统参数优化,它是在微分方程基础上的开环连续最优控制问题,它优化的对象是主动控制参数在时间上的分布[141]。弹道优化分为直接法和间接法,其中,直接法通过将连续最优控制问题的变量进行离散,将其转化为非线性规划问题,并通过数值方法进行寻优[146]。高斯伪谱法(GPM)是直接法的一种[147],它同时将控制变量和状态变量在一系列拉格朗日-高斯(LG)点上离散,并在离散点上构建全局拉格朗日多项式,通过将多项式在离散点处求导,使其与变量在时间上的导数满足 Karush – Kuhn – Tucker(KKT)条件。在 GPM 的基础上,Zhao 和 Zhou[148]优化了高超声速飞行器的再入飞行弹道,并在优化过程中加入了禁飞区等约束;Chen 等[149]对助推滑翔式飞行器任务进行多段连续优化;雍恩米[150]发展了伪谱法,并对再入滑翔飞行器进行了轨迹优化。此外,使用智能优化算法对离散后的轨迹进行优化也愈发常见[151,152]。

　　相比于滑翔飞行器,以 RBCC 为动力系统的组合动力飞行器飞行轨迹不仅受姿态控制参数影响,还受到推力控制参数的影响。Jia 等[153]在 X – 43A 气动数据[154]的基础上优化了以 RBCC 发动机为动力系统的飞行器爬升性能,指出 RBCC 动力系统相比于火箭能够显著减少燃料消耗。龚春林等[155]认为 GPM 适合于 RBCC 飞行器轨迹优化求解,提出了基于 GPM 的宽速域飞行器上升轨迹数值优化求解模型和求解方法,并获得了满足要求的上升段燃料最省轨迹。他们还开展了针对 RBCC 动力水平起降运载器的多学科设计优化,设计涉及了气动、推进、结构、弹道、质量、防热等多个学科,并得到了多目标优化条件下的最优弹道[156],如图 1.10 所示。Kodera 等[157]以 RBCC 发动机性能随来流条件变化规律作为已知信息,对 TSTO 任务的一级载机飞行轨迹进行了优化设计。

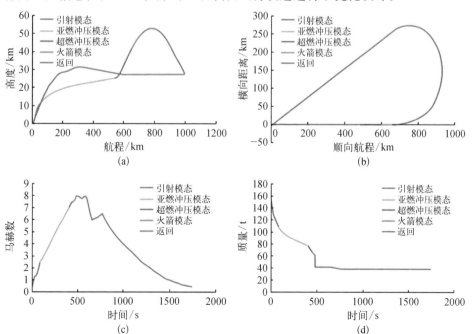

图 1.10　RBCC 动力水平起降运载器空间往返优化弹道[156]

2014 年,JAXA 对载有 RBCC 发动机的两级入轨飞行器进行多目标设计与轨迹优化[157],仍采用该单位一直以来研究的二元 E3 型 RBCC 发动机,安装在飞行器腹部。发动机性能通过系统分析获得,从引射模态一直到超燃冲压模态,推力和比冲均是马赫数、攻角和动压的函数。同年进行的又一次多学科优化拓展了优化参数种类和范围,主要为构型参数和 RBCC 发动机工作参数,得到了以燃油质量消耗、飞行高度和终点速度为优化目标的Pareto 前沿[158]。2015 年 JAXA 进一步优化了集飞行器几何构型、推进系统、气动性能和飞行弹道的多学科设计优化框架,以最大化有效载荷质量、最小化起飞质量,以及最小化水平起飞速度为目标,获得了具有良好分布状态的 Pareto 前沿,如图 1.11 所示。JAXA 还通过敏感性分析对多学科优化数据进行了数据挖掘[159]。

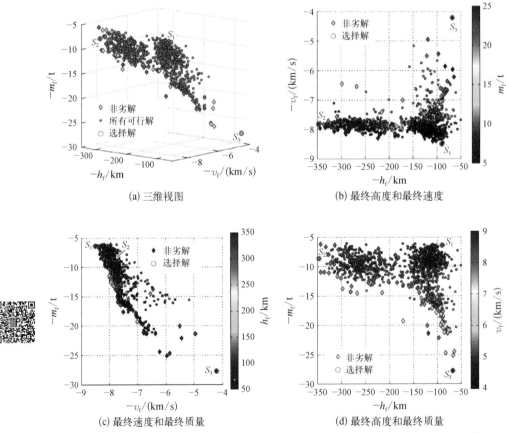

(a) 三维视图

(b) 最终高度和最终速度

(c) 最终速度和最终质量

(d) 最终高度和最终质量

图 1.11　JAXA 对以 RBCC 为动力系统的 TSTO 飞行器多目标优化的 Pareto 前沿[159]

1.3　多学科设计优化方法研究概况

飞行器设计是典型的多学科耦合问题,学科之间复杂的耦合关系使得传统单学科设计优化方法难以找到最优解。多学科设计优化(MDO)方法是一种充分探索和利用系统中相互作用的协同机制来设计复杂工程系统和子系统的方法论,是在各个学科模型下通过优化和妥协寻找多学科最优设计的过程[160,161]。MDO 已经广泛应用于火箭、导弹和高超声速飞行器的总体设计[41,162-164]。

1.3.1　MDO 模型

学科又称为子系统,是构成 MDO 系统的基本模块。学科是相对独立又相互耦合的抽象概念,它既可以代表气动、推进、结构等实际学科,也可以指载荷、阀门、舵机等物理部件。学科相互之间及学科与系统之间通过变量实现信息交互[165]。为了完整描述 MDO 问题,需要对系统中所有变量进行合理划分。根据输入和输出关系,可将变量分为设计变量和状态变量。其中根据设计变量在系统中的地位,可将其进一步划分为共享设计变量和学科设计变量。类似地,可将状态变量划分为系统状态变量和学科状态变量。除此之外,部分变量既是某些学科的状态变量又是其他学科的设计变量,它们被称为耦合变量。在 MDO 中,常将某些系统状态变量作为全局优化目标,这些变量又被称为目标变量。理清 MDO 中学科与变量之间的信息交互关系是建立 MDO 模型的基础。随着高拟真度 MDO 的兴起,变量形式已不再局限于简单的参数和矩阵,而是包含了模型文件、网格文件和结果分布场等复杂格式文件。这些新兴变量通过 CAD、CAE 分析软件进行处理和传递,并将其转变为可供优化器处理的常规参数变量。因此,建立优化器与学科分析软件之间的接口也是 MDO 工作中新的内容[166]。为了清楚地展现系统、学科与变量之间的耦合关系,通常采用设计结构矩阵(DSM)来对 MDO 进行可视化建模[167]。DSM 将学科、分析器和优化器置于二维方阵对角线位置,用方阵中其他位置放置耦合变量。Lambe 和 Martins[168]对设计结构矩阵进行扩展,从设计流程角度建立了 XDSM,使其能够直接转换为 MDO 模型。

　　MDO 系统具有整体性和层次性[165]。各学科之间通过变量相互连接,单个学科设计发生变化会影响整个系统的性能,MDO 方法的目的即为从总体角度出发求解系统的整体最优解。同时,各个学科本身也是由低层次学科组成,例如吸气式飞行器设计中推进学科本身是由进气道、隔离段、燃烧室和尾喷管等子系统组成,燃烧室性能的分析也包含了喷注混合、点火、火焰稳定及冷却等。为此,在复杂系统中既包含了"树状"的层次系统,又包含了"网状"的耦合系统,在实际问题中耦合系统比层次系统更具有一般性。

1.3.2　MDO 策略

MDO 方法(又称 MDO 策略)是从系统整体角度提出的一种系统科学思想。鉴于飞行器本身是一个包含多个学科的有机整体,MDO 从理论上研究多系统的协同优化问题,通过对各个学科进行分析,寻找学科之间的协同效应,并在此基础上寻找最优解[169]。Martins 和 Lambe[170]对 MDO 策略的架构进行了分类,认为其可分为整体式和分布式 MDO 两大类。在整体式类别中,各个学科只进行学科分析不进行优化,学科的输入由系统指配,输出用于系统的分析和优化,因此问题转化为单一优化问题。整体式 MDO 包括同时优化(AAO)、同时分析设计(SAND)、单学科可行(IDF)和多学科可行(MDF)等策略。分布式方法中优化问题分解为包含变量和约束子集的若干子问题,子问题本身进行优化,并在系统级协调下保持一致。分布式 MDO 策略包括协同优化(CO)、并行子空间优化(CSSO)、两级集成系统合成优化(BLISS)、目标级联分析(ATC)和对称子空间优化(ASO)等。Adami 等[162]将单级和双级多学科优化方法结合,提出了单双级混合优化算法(CSBO),并比较了其与 AAO 方法和 CO 算法在双组元上面级火箭推进系统优化设计上的优化效果。他们指出,AAO 将每个设计变量与约束同各学科剥离开,从系统层面上实现一个全局最优解,具有很强的灵活性,但是对于复杂系统需要很长的处理过程。CO 既有系统级的优化又有分系统级的优化,学科间相互解耦并附加更多的约束条件,适用于并行优化求解,但是不如 AAO 灵活。CSBO 结合两种 MDO 方法,不需要学科间全部解耦,可以在一定程度上结合两者的优势,增加计算效率。图 1.12~图 1.14 分别展现了 AAO、CO 和 CSBO 策略应用于双组元推进系统的架构。同样为了结合不同多学科设计优化方法的优势,姚雯[171]将 MDF 和 CSSO 方法联合,提出了 MDF - CSSO 联合优化方法。Zhao 和 Cui[172]将 CO 和 BLISS 结合,提出了 BLISCO 方法。

航空航天领域是 MDO 发展和成果最集中的领域[166]。Zhang 等[163]对类 X - 43A 构型的吸气式高超声速巡航飞行器进行了多学科设计优化分析,基于 CSSO

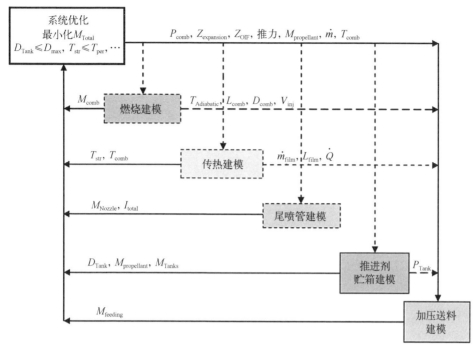

图 1.12　双组元推进系统的 AAO 架构[162]

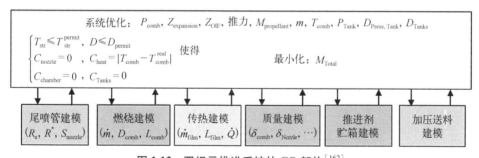

图 1.13　双组元推进系统的 CO 架构[162]

策略,通过优化设计进气道气流压缩角和喷管扩张角获得了性能更优的流道构型。车竞和高度等[173,174]采用 MDF 方法对吸气式高超声速飞行器开展了多学科设计优化研究,并且建立了气动、推进、结构和弹道航程等多个学科模型的多学科设计优化平台。Lobbia[175]采用 MDF 方法对再入飞行器的气动外形和轨迹进行了优化设计。Wang 等[176]指出 MDO 在航空航天领域应用最为普遍的是 CSSO,其次是 CO,低精度和高精度方法的混合使用具有广阔的应用前景。另外,将 MDO 策略与数据挖掘技术相结合具有很高的研究价值[69]。

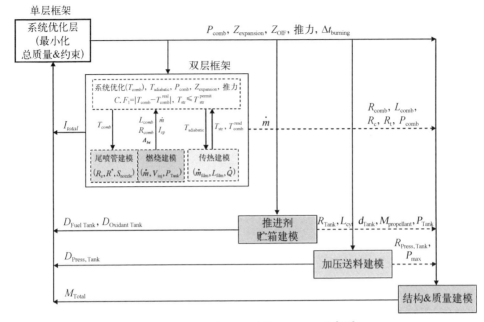

图 1.14 双组元推进系统的 CSBO 架构[162]

MDO 方法的创新、发展与应用也促进了商业软件的研发,国外 MDO 商用软件包括 Modelcenter、Isight 和 Optimus 等,开源 MDO 程序包括 OpenMDAO 等。邹宁等[177]基于 Modelcenter 平台,对飞机外形进行了总体和气动耦合设计。Zhang 等[178]基于 Isight 软件,对机翼翼型进行了优化设计。

1.3.3 基于代理模型的优化

随着近似技术和并行计算等技术的革新,传统 MDO 方法暴露出学科模型复杂、信息交换量大、计算成本高、组织形式复杂、设计空间非线性和交互环境僵化等问题[166]。为了提高复杂设计问题的 MDO 效率,需要建立清晰的学科变量关系网络、准确的学科分析模型、高效的 MDO 求解策略和连贯的学科接口。由于部分学科的计算成本较高,因此需要用先进的代理模型技术替代学科模型,节约优化时间和成本。

常用的代理模型包括多项式模型、Kriging 模型及人工神经网络模型(artificial neural network,ANN)等。研究表明,多项式模型适用于低阶非线性问题的建模,Kriging 模型适用于高维低阶非线性问题,人工神经网络模型则适用于高阶非线性问题。通过权重因子将多个代理模型加权组合能够提高代理模型的稳健性。当前基于 Kriging 模型已经出现了梯度增强 Kriging 模型(GEK)[179],人工神经网络模型也包含了 BP 网络、径向基(RBF)、支持向量机等。Paiva等[180]基于自编的具有图形显示界面的机翼 MDO 软件,比较了多项式模型、Kriging 模型和人工神经网络模型在优化方面所起的作用。他们发现函数的增加往往对传统优化的影响大于基于近似模型的优化。仅对于简单的问题,多项式模型可以发挥较好的作用,而随着问题的进一步复杂,ANN 和 Kriging 模型相比于传统优化的优势也会降低,而从整体而言,Kriging 模型处理包含非线性元素和约束的复杂问题时优势较为明显。Luo 和 Lu[181]针对地下水的补救过程建立并比较了三种代理模型,即多项式模型、径向基模型及 Kriging 模型,结果表明 Kriging 模型及径向基模型均具有较高的代理精度。Namura 等[182]介绍了设计空间坐标转换的 Kriging 模型,并基于测试函数比较了 KCT 模型与传统的 OK 模型。Forrester 和 Keane[183]综述并比较分析了多种代理模型。Ansari 和 Kim[184]也在人字形凹槽混合器的优化问题中比较了多种代理模型的性能。当前,Kriging 模型在航空领域的应用尤为广泛。

除了以上应用广泛的代理模型,许多学者也在致力于研究新型的适合于实际研究对象的代理模型。例如,Mifsud 等[185]介绍了一种基于正交分解的变精度模型,先通过简化形成低精度计算样本,获得基于低精度样本的代理模型,然后另取样本点进行高精度计算,并基于低精度模型建立高精度模型。一方面低精度样本的采用能够大大降低计算成本,并形成趋势可信的代理模型;另一方面高精度样本的使用使得模型更加精确。事实证明,当大部分变精度样本的物理条件和边界条件相似时,变精度代理模型具有很好的拟合和预测能力。在进行代理模型建立时,采用了对样本矩阵进行 SVD 分解的方法,然后基于径向基模型预测其他点的响应值。这与 Master 等[40]用 SVD 进行翼型拟合的思想相似。Shi等[186]在汽车碰撞优化过程中考虑到数据不确定性,提出了一种用贝叶斯矩阵和均方误差自动选择最佳代理模型的方法。Liu 等[187]提出了一种多输出高斯回归方法(multiple-output-Gaussian-process, MOGP)作为优化问题中的代理模型,该方法能够获取多个响应之间的关系,具有较高的预测精度。与 Kriging 模型、BP 神经网络及径向基模型相比,MOGP 在多响应建模中展现出了最高的预测精度及稳定性,但是相比 Kriging 模型,该方法更加耗时。

MDO 归根结底仍是一个优化问题,与优化设计伴随的是大量的采样与分析,以及较高的寻优成本。当前,基于代理模型的优化设计已经成为一种发展趋势[74]。图 1.15 展示了一种基于代理模型的优化设计流程。Ma 等[36]运用基于

Kriging 近似模型的遗传算法及 NSGA－Ⅱ 对类 HTV－2 构型进行了优化设计。邬晓敬等[189]发展了一种基于响应面和遗传算法的鲁棒优化设计方法,能够高效地减小阻力及其波动的影响。Wang 等[190]将 CFD 方法作为样本计算工具,建立了基于径向基神经网络的代理模型,并使用遗传算法获得了给定条件下冷却效率最高的薄膜冷却孔外形。Feng 等[191]以 SU2 开源程序为计算平台,基于 Kriging 模型和 EI 加点准则对翼型进行多目标设计优化。Li 等[192]发展了一种适用于并行计算的 Kriging 模型加点方法,用于提高优化收敛速度和效率。Bobrowski 等[75]直接对几何外形数据进行插值,构建几何构型的代理模型,从而代替优化循环过程中反复调用 CAD 软件的过程。

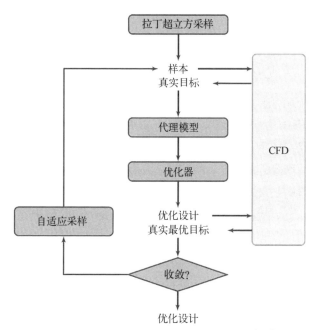

图 1.15　基于代理模型的优化设计流程图[188]

1.4　研究内容与框架

面向未来空天往返任务对组合动力飞行器的需求,本书基于 MDO 理论,建立了组合动力飞行器外形学科、气动学科、推进学科、弹道学科及质量学科之间的耦合关系网络,开展了组合动力飞行器 MDO 的预先研究工作。以此为牵引,本书实现并比较了多种外形参数化建模方法,并将三维 FFD 方法灵活运用于飞行器外形设计;开发了 RBCC 热力学分析程序,为推进学科分析提供了模型基础;研究了基于 RBCC 动力系统的等动压上升弹道,并开展了再入弹道的设计和优化;提出了基于乘波理论的新型滑翔飞行器和吸气式巡航飞行器设计方法,为 MDO 提供模型基础。本书共 7 章,第 1、2 章是基础;第 3~6 章分别建立了 MDO 所需的各学科模型;第 7 章是在各学科模型的基础上实现组合动力飞行器的 MDA 和 MDO。以下简要介绍各章内容。

第 1 章介绍了我国开展组合动力飞行器预研工作的国际背景和实践意义;分别从组合动力飞行器气动外形、吸气式冲压发动机和组合动力飞行器弹道设计与优化等方面概述了国内外对组合动力飞行器的研究进展和发展趋势;从 MDO 模型、MDO 策略和基于代理模型优化等方面概述了 MDO 在航空航天领域的发展与应用,展示了利用 MDO 方法开展组合动力飞行器优化设计的可行性和必要性。

第 2 章对开展学科建模和优化设计所需的各类研究方法进行了测试与验证;分别对各个速域下的流场数值仿真方法进行了网格无关性分析与模型验证;开发并验证了基于面元法的通用超声速/高超声速气动性能工程估算程序;实现并验证了 Kriging 代理模型及最大 MSPE 加点策略。本章为后续章节提供了方法储备,后续研究中所采用的模型将不再重复进行可信度验证。

第 3 章总结并实现了二维参数化建模方法中的 B 样条方法、CST 方法、SVD 方法、PARSEC 方法和 Hicks‐Henne 方法,并通过翼型拟合比较了以上方法的曲线拟合能力,为飞行器设计中涉及的二维曲线设计提供参考。本章还介绍了三维 CST、三维 B 样条以及 FFD 曲面参数化建模方法,并将 FFD 方法成功应用于各类飞行器的外形设计和优化,为 MDO 提供了外形学科参数化建模体系。

第 4 章建立了 RBCC 发动机热力学分析程序;介绍了 RBCC 发动机在引射模态、冲压模态、超燃冲压模态和火箭模态下的推力、比冲计算模型;基于美国 ESJ 发动机模型参数实现了全速域下发动机性能分析与验证,为 MDO 研究提供了推进学科的模型基础。此外,本章还分别研究了工作高度、发动机尺寸及内部截面比例等参数对发动机性能的影响。

第 5 章在第 4 章 RBCC 发动机程序的基础上开展了 X‐43A 飞行器等动压上升弹道的研究,揭示了起飞质量、发动机尺寸及飞行动压等参数对上升弹道的影响,并根据一般任务要求设计了具有实际意义的组合动力飞行器上升弹道。另外,本章还对有动力再入弹道进行了设计与优化。

第 6 章基于锥导和吻切锥乘波理论,分别设计了宽速域滑翔飞行器和吸气式巡航飞行器外形,并通过数值仿真验证了两类构型的乘波特性。本章将分别用初始设计参数和 FFD 参数对吸气式巡航飞行器进行参数化控制,并基于工程估算方法研究了不同设计参数对构型气动性能的影响,为后续 MDO 研究的开展提供了模型和气动分析基础。

第 7 章面向组合动力飞行器,将之前各章所建立的学科模型进行了进一步梳理和简化,建立了学科间耦合关系网络。在 MDF 策略的基础上提出两层集成优化策略,并对组合动力飞行器进行了 MDA 和 MDO,得到了可行优化解。本章集成了前续章节发展的模型和算法,成功实现了 MDO 策略在组合动力飞行器上的应用。

第2章

组合动力飞行器设计中的研究方法与验证

开展组合动力飞行器的多学科设计优化研究涉及建模、仿真、评估、构建代理模型与优化等内容。为了在后续章节中直接应用研究中采用的程序、算法和模型,本章统一对它们进行介绍与验证,保证所有研究模块的可行性和可信度。在气动和推进学科中,常采用 CFD 方法对飞行器的气动性能和发动机性能进行计算或验证。因此,本章首先介绍三维 RANS 方法在外流场计算领域的应用,主要包括低速条件下的网格无关性分析和数值结果验证与跨声速条件下的数值结果验证。另外,对二维和三维 RANS 方法在超声速内流道中的流场结构仿真进行了验证。本书采用工程算法对超声速和高超声速条件下飞行器的气动性能进行估算,因此本章介绍并验证了基于面元法的高超声速工程估算程序。由于优化过程复杂度会随着变量数的增加快速增加,因此本章介绍并采用了正交试验设计方法及相应的数据分析方法,用于排除学科分析中对目标影响较小的设计变量,简化了学科模型。诸如气动和推进等学科的分析相对耗时,有必要在进行多学科设计优化时用代理模型对其进行替代,因此本章还介绍和验证了后文使用的 Kriging 代理模型及相应的加点方法。

2.1 数值方法与验证

2.1.1 三维低速外流数值方法与验证

算例一:垂直轴风机。

低速条件下的流场一般被认为是不可压流,在此环境中,马赫数对流动现象的影响很小,而雷诺数对流场的影响很大。雷诺数影响着流动类型、边界层转捩等现象,从而对物体受力产生影响。低速条件下的流场对环境因素敏感,且常常处于不稳定的状态,因此有必要从非定常角度出发对其进行分析。本节采用垂直轴风机(VAWT)为算例,对其旋转过程进行非定常流动仿真,并将其受力情况与公开实验数据进行对比,从而验证仿真方法的可行性。有关该类型风机的工作机制,可以参考文献[193]~[195]。图 2.1(a)展示了一般双叶片垂直轴风机的物理模型。叶片在自由来流速度为 V_∞ 的环境条件下,绕中心轴顺时针旋转,旋转角速度为 ω。叶片长度为 H,弦长为 c,风机转子半径为 R,直径为 D。图 2.1(b)展示了在计算中使用的流场模型和边界条件。入口处采用速度入口条件,出口为压力出口,因模型上下对称性,故对模型的上半部分进行仿真,并将计算区域的底面设为对称面条件,从而减少了计算成本。从图中可以看出,在低速流场仿真中,模型周围环境的尺度较大,长宽高分别为 $13D$、$10D$ 和 $2H$。

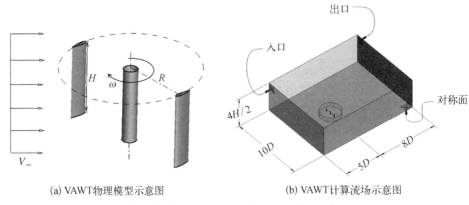

(a) VAWT物理模型示意图   (b) VAWT计算流场示意图

图 2.1   低速风机流场数值验证模型示意图

该模型的尺寸及仿真条件均是在 Li 等[196]的实验基础上设置的。由于实验中采用了开式风洞,故本书采用的大范围流场计算条件与实验相符。表 2.1 列出了与实验相匹配的垂直轴风机运行条件和来流条件,其中叶尖速度比定义为

$$\mathrm{TSR} = \frac{\omega R}{V_\infty}。$$

表 2.1   垂直轴风机运行条件及来流条件

Re	$V_\infty/(\mathrm{m/s})$	$\omega/(\mathrm{rad/s})$	TSR
2.89×10^5	7	18.86	2.29

在图 2.1(b)的基础上,将流场按照转子区域和环境区域分别进行网格划

分,然后在连接处采用 Interface 的交界面边界条件,以保证做旋转运动的转子产生的流场结果可以与外界固定的流场结果顺利连接。采用结构网格对所有流场区域进行划分,网格朝向叶片和中心轴方向加密,具体网格划分方法可参考文献〔197〕。本节为了验证网格无关性,采用了三种不同精细程度的结构网格,其信息列于表 2.2 中。尽管不同精细程度的网格在叶片环向上点的分布不同,但是壁面无量纲距离 $y+$ 保持一致,从而适应湍流模型对壁面仿真距离的要求。所有网格均对叶片展向划分 43 个网格点。

表 2.2　三种 VAWT 计算网格信息

网　格	环向网格点数	加密因子	网格数	最大 $y+$
粗糙	126	0.7	2 146 319	1.2
标准	172	1.0	3 087 970	1.2
精细	258	1.5	5 141 967	1.2

仿真采用三维 RANS 方程和 SST $k-\omega$ 湍流模型。非定常计算采用双精度压力基求解法,空间和时间均为二阶离散。非定常计算分辨率为每周期 540 步,即每个计算步转子转动 $0.67°$。转子运行 5 周后对结果进行记录,从而保证了结果稳定性。

图 2.2(a)对比了三个网格条件下叶片中部及整个叶片在 TSR = 2.29 条件下的压力系数。图中显示,基于标准网格计算的压力系数与基于精细网格的结果相对差异约为 1%,即进一步加密网格已不能再对结果产生较大影响。因此,标准网格尺度已能胜任后续低速流仿真。图 2.2(b)展示了标准网格计算得到的叶片中截面瞬时力矩系数与实验结果之间的比较。可见 CFD 结果与实验数据

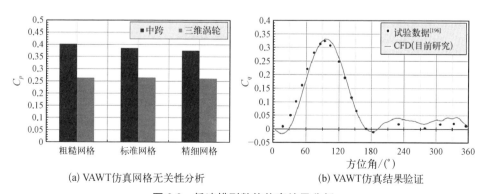

(a) VAWT仿真网格无关性分析　　　　(b) VAWT仿真结果验证

图 2.2　低速模型数值仿真结果分析

吻合得较好,从而验证了仿真模型在低速非定常流动中的可行性。

算例二:DLR-F6。

DLR-F6 来源于第一届阻力预测(DPW)会议所选用的标准算例——DLR-F4 翼身组合体[198]。它是一种类似于空中客车飞机的双发动机宽体客机类型的翼身组合体,而且一直是各类风洞试验和数值仿真的焦点[199]。DLR-F6 构型的机身与 DLR-F4 构型的机身保持一致。第二届 DPW 会议使用了 DLR-F6 的两个变体模型,包括翼身构型(WB)与翼/身/舱/架组合体(WBNP)。本节中选用 DLR-F6 风洞模型进行数值仿真,并将其与试验数据进行对比,以对在本书中所采用的数值方法的有效性进行验证。图 2.3(a)展示了 DLR-F6 构型的平面图,其设计巡航马赫数为 0.75、升力系数为 0.500、前缘后掠角为 27.1°、弦线后掠角为 25°及机翼的上反角为 4.787°[200]。表 2.3 给出了 DLR-F6 构型更详细的参考量。

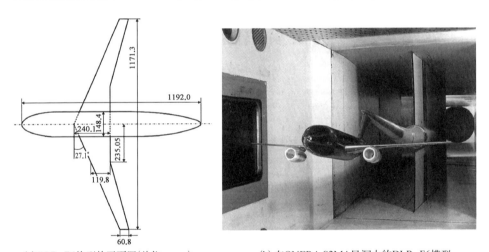

(a) DLR-F6构型的平面图(单位:mm)   (b) 在ONERA S2MA风洞中的DLR-F6模型

图 2.3   仅带翼的 DLR-F6 构型的平面图与 DLR-F6 风洞实验模型

表 2.3   DLR-F6 构型的参考量

物 理 量	数 值
平均气动弦长(c)	141.2 mm
机翼参考面积/2($S_{ref}/2$)	72 700.0 mm^2
翼展/2($b/2$)	585.647 mm
机翼展弦比(AR)	9.5($\simeq$9.436)
自由来流雷诺数(Re_c)	3$\times10^6$
自由来流马赫数(Ma_∞)	0.75

注意到此处使用 9.5 的宽高比代替了其计算值,其目的主要是与公开文献中所介绍的 DLR－F6 构型尺寸保持一致。DLR－F6 构型更多的细节信息可参考文献[201]和[202]。

在 ONERA 与 DLR 的合作下,DLR－F6 的风洞试验于 1990 年 8 月份在 Modane 的 ONERA 中心处的增压风洞 S2MA 中进行。DLR－F6 模型被安置在 1.77 m×1.75 m 的跨声速测试段中,可参见图 2.3(b)。这些试验中包括了两类测试:整体气动力与力矩的测量,以及模型表面静压的测量。WB 与 WBNP 均进行了上述试验。根据文献[202],在上述试验中,试验马赫数从 0.6 变化到 0.8,测试攻角从−5°变化至 2°,雷诺数设置为常数,即 $Re = 3×10^6$(基于平均气动弦长 0.141 2 m)。上述试验测量为民用输运飞机构型阻力的数值仿真评估提供了优越的实验数据库。

考虑到 DLR－F6 模型的上述试验条件,本节中所选用的计算条件如下:自由来流马赫数 $Ma_\infty = 0.75$,飞行攻角 $\alpha = 0.49°$,以及自由来流雷诺数 $Re = 3×10^6$(基于平均气动弦长 0.141 2 m)。

对 DLR－F6 模型应用非结构四面体网格系统,其四面体网格采用商业软件 ANSYS ICEM CFD 生成。为节省计算资源和缩减计算时间,计算工作采用半模构型,计算区域设置为矩形区域,其前后距离为机身长度的 35 倍。同时,在 DLR－F6 构型的机翼后缘和边界层处进行了网格加密处理,以便于能够更好地捕捉近壁面处的复杂流动特征,DLR－F6 计算域及表面网格如图 2.4 所示。在边界层内,为了确保数值计算精度,相应的第一层网格高度设置为 0.01 mm,网格增长率设定为 1.2,棱柱层增长高度设为 0.03 m,其半模网格单元总数为 177 万。在贴体条件下,边界层内的网格与壁面尽量保持正交。

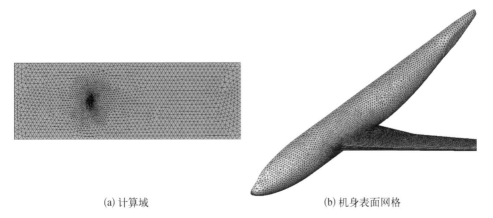

(a) 计算域　　　　　　　　　　　　　(b) 机身表面网格

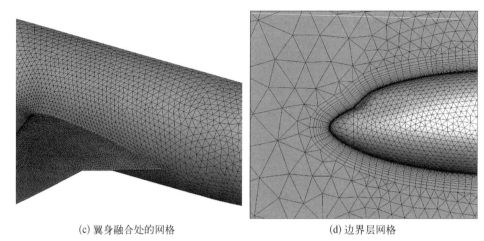

(c) 翼身融合处的网格　　　　　　　　　　　(d) 边界层网格

图 2.4　DLR‑F6 计算域及表面网格示意图

通过将利用 SST 湍流模型计算得到的 DLR‑F6 机翼表面的压力分布与 DPW 会议官方提供的实验数据进行对比,以对本书中所采用的数值方法是否有效进行验证[203]。图 2.5 展示了 DLR‑F6 构型上不同的 8 个展向站位处采用 CFD 仿真计算的表面压力系数与试验数据的对比情况。图中 $2y/b$ 表示展向站位与半展长的比值,表示剖面上各点距剖面前缘的弦向距离同剖面弦长的比值。从图中可以看出,除了在剖面后缘处由数值方法获得的压力系数与试验数据略有差异之外,在其他所有位置处,由数值方法计算得到的压力系数与试验数据基本完全吻合。

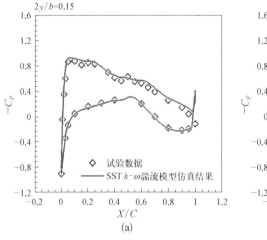

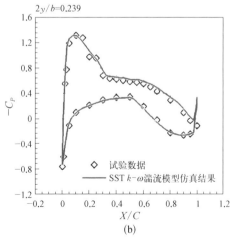

(a)　　　　　　　　　　　　　　　　　　　(b)

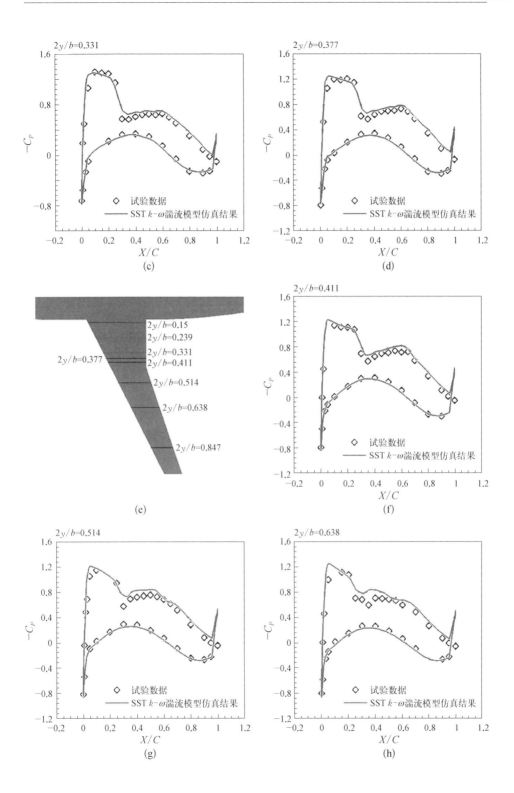

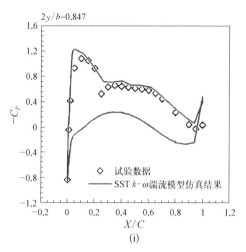

图 2.5   **DLR－F6 机翼表面不同站位处压力系数分布的数值结果与实验结果的对比**

以上针对 DLR－F6 构型的数值模拟,进一步验证了本书数值模拟方法预测低速外流场的有效性。

2.1.2   三维跨声速外流数值方法与验证

Onera M6 机翼是 1972 年由法国 Onera 空气动力研究院设计的用于研究三维、高雷诺数流场特征的实验构型。实验流场中包含跨声速激波、激波边界层干扰及分离流等特殊现象。由于该构型的实验有公开的几何描述、复杂的流场物理现象及大量公开的实验数据,从而成为一个经典的验证案例。Onera M6 是一个后掠无扭转机翼,采用对称的 Onera D 翼型截面,展弦比为 3.8,前缘后掠角为 30°。

对于跨声速仿真,研究对象的影响域为整个流场环境,因此需要计算区域足够大以降低流场边界对研究对象周围流场的影响。尽管结构网格有助于算例的收敛,但在本节中,由于研究的构型比较复杂,周围很难产生完全结构化的网格。因此,本节采用 Overset 方法,用结构网格作为背景网格,构型周围采用混合网格。Overset 仿真方法因采用多重网格,在构型发生移动和变形的情况下,只需改变构型周围的局部网格而不需改变背景网格,因此非常适用于具有相对运动的复杂流体仿真案例。Overset 仿真方法不仅降低了网格生成难度,也方便后续工作中研究气动外形对流场的影响,甚至方便采用非定常计算方法研究构型变攻角/侧滑角过程中气动力和流场环境的变化。

本节采用 RANS 方法对 Onera M6 机翼的气动性能进行数值仿真,并将计算结果与公开实验数据进行对比。参考 Schmitt 和 Charpin 的实验条件[204]，仿真选择的流场条件见表 2.4。

表 2.4　Onera M6 跨声速机翼流场仿真条件

Ma_∞	p/MPa	T/K	$\alpha/(°)$	$Re/(\times 10^7)$
0.839 5	0.316	273.15	3.06	1.172

图 2.6(a)和(b)展示了 Onera M6 在跨声速计算中采用的网格划分情况，其中图 2.6(a)展示了 Overset 局部网格与背景网格之间交界处的网格情况，图 2.6(b)展示了该机翼的几何形状及表面网格划分，可见在机翼末端及对应的部分环境区域采用了非结构网格，在其他部分表面和流场区域均采用了结构网格。在机翼表面局部网格中，近壁面网格尺度 $y^+<1$，壁面采用无滑移绝热壁面。翼根处采用对称面仿真边界条件，背景区域其他面均使用压力远场条件，采用 S - A 湍流模型和双精度定常隐式方程求解。图 2.7 展示了在该计算条件下机翼周围流线分布及表面压力分布，可见仿真捕捉了机翼上方产生的一道分离激波，即流动在上表面加速过程中形成超声速流，并因为流动分离产生的逆压梯度而产生激波。为了展示仿真对压力系数及激波位置捕捉的准确性，图 2.8 展示了图 2.6(b)中红线所示位置的压力系数分布，并与实验结果[204]进行了对比。由图 2.8 可见，仿真得到机翼各截面的压力系数结果与实验结果匹配得较好，同时从压力系数本身的分布来看，数值仿真能够很好地捕捉激波产生位置，说明通过 Overset 仿真方法能够得到较为可信的跨声速流场仿真结果。

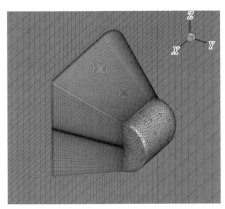

(a) Onera M6 Overset网格交界面　　　(b) Onera M6表面网格划分及压力采样截面

图 2.6　Onera M6 流场仿真中的网格划分

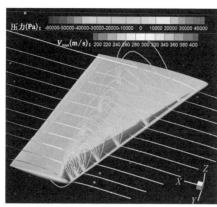
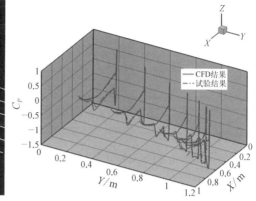

图 2.7　Onera M6 流场结构及表面压力分布　图 2.8　Onera M6 各截面压力系数分布对比

2.1.3　三维高超声速外流数值方法与验证

空天飞机模型来自文献[205],文献中采用空天飞机的模型进行了风洞试验。风洞试验模型如图 2.9 所示。空天飞机模型由三个主要部件组成:机头、机身和机翼。机头由钝头圆锥修型得到,机身是 C 型柱,机翼具有 68° 后掠角,双翼边缘具有反小翼,无立尾。模型全长 290 mm,宽 184.8 mm,高度为 58 mm。基于风洞试验模型,采用三维造型软件建立该空天飞机的几何模型,如图 2.10 所示。

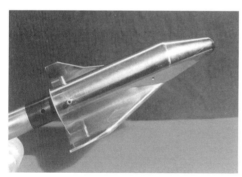

图 2.9　风洞试验模型　　　　　　　图 2.10　几何模型

风洞试验的边界条件为: $Ma_\infty = 8.04$,单位雷诺数 $Re = 1.13 \times 10^7$,总压 $p_0 = 7.8$ MPa,总温 $T_0 = 892$ K。模型的参考面积为 10 000 mm^2,参考长度为 290 mm,数值仿真条件和试验条件一致。数值仿真了不同攻角条件下的气动性能,攻角分别为: $-5°$、$0°$、$5°$、$10°$、$15°$、$20°$、$25°$ 和 $30°$,并与试验结果进行了对比,如图 2.11 所示。

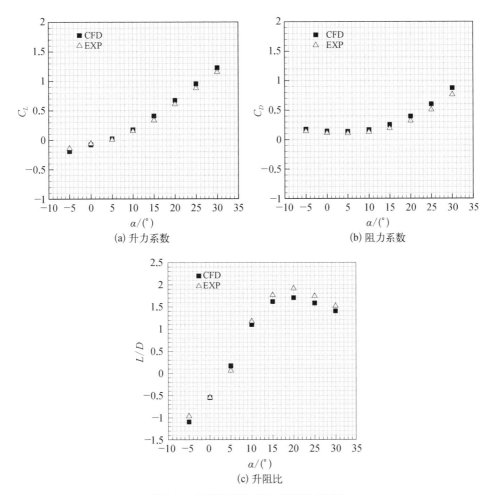

(a) 升力系数　　(b) 阻力系数

(c) 升阻比

图 2.11　数值仿真结果与试验结果对比

很明显,升力系数、阻力系数与试验数据吻合得较好,如图 2.11(a) 和(b) 所示。当攻角不高于 10° 时,升阻比与试验数据[205]吻合得很好;当 $\alpha > 10°$ 时,升阻比的数值仿真结果略低于试验结果,随攻角的增加,升阻比先增加后减小,如图 2.11(c) 所示。

图 2.12 给出了攻角为 10° 条件下,密度纹影图数值仿真结果与试验结果对比。很明显,数值仿真结果与试验结果吻合得较好,激波位置和厚度几乎一致。

从以上分析可知,本书采用的数值方法能够很好地模拟高超声速飞行器外流场特性,数值结果可信度较高。

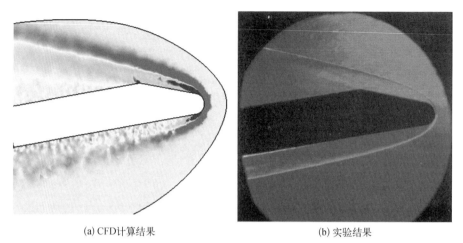

(a) CFD计算结果　　　　　　　　　　　(b) 实验结果

图 2.12　攻角为 10°条件下,密度纹影图的数值仿真结果与试验结果对比

2.1.4　超声速内流数值方法与验证

算例一: 二维高超声速进气道。

Herrmann 和 Koschel[206] 对高超声速进气道模型内部激波结构系统进行了试验研究,通过壁面压力测量系统及纹影系统获得了超声速管道上下壁面压力分布及激波结构,为冷流条件下验证超声速内流数值模拟方法提供了参考。Ding 等[207] 也基于该模型,进一步验证了数值模拟方法,并比较了不同湍流模型和背压条件对流场结构的影响。本节采用该实验模型作为验证算例,验证在模拟超声速内流时采用的数值方法,为下文中发动机系统的数值研究提供依据。

该构型的模型图和具体参数可参见文献[206]。图 2.13 展示了在该模型的基础上用于计算的网格模型,来流方向采用压力远场条件,出口为压力出口,壁面采用绝热无滑移壁面条件。入口的来流条件见表 2.5。

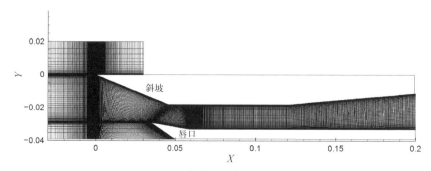

图 2.13　进气道验证模型网格划分

表 2.5　入口来流条件

Ma_∞	p_0/kPa	T_0/K	α/(°)	Re/($\times 10^7$)
2.41	540	305	10	5.07

采用二维定常密度基 RANS 方程,来流假设为理想气体,黏性采用 Sutherland 公式计算,湍流模型采用 SST k - ω 模型,采用二阶迎风格式和 AUSM 方法,库朗数保持在 0.5 以保证算例收敛。通过检测出入口的质量流率,当质量流率差值小于 0.1% 时视为算例收敛。本算例采用三种不同密度的网格来验证网格无关性,其具体信息见表 2.6,可见粗糙网格比其他网格具有更大的 y^+,而精细网格是在标准网格的基础上进一步增加横向和纵向网格点数形成的。

表 2.6　进气道算例验证三种网格密度信息

网格名称	网格量	纵向点数	$y+$
粗糙	37 229	60	10.5
标准	37 229	60	0.97
精细	96 089	100	0.98

图 2.14 展示了仿真得到的该进气道构型上下壁面压力分布结果与实验结果的对比。首先从不同网格的仿真结果对比可以发现,精细网格与标准网格的

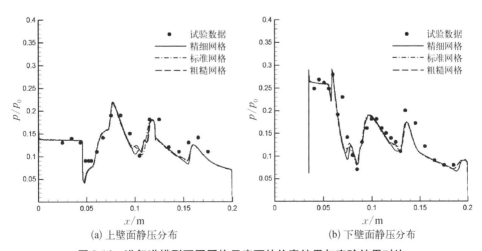

(a) 上壁面静压分布　　　　　　(b) 下壁面静压分布

图 2.14　进气道模型不同网格尺度下的仿真结果与实验结果对比

结果吻合得较好,粗糙网格在一些特定位置因激波捕捉不够精细而出现偏差,因此标准网格所采用的网格尺度及壁面加密设置被认为是可信的。另外,通过比较仿真结果与实验结果可见,仿真得到的压力分布与实验结果吻合得较好,并且能够较为准确地捕捉波系结构出现的位置及前后压力大小,因此本书中所采用的仿真设置条件被认为是可信的。

算例二:二维超声速横向射流混合流场。

Spaid 和 Zukoski[208] 所开展的超声速横向射流流场试验具有极大的价值,试验流场等同于二维流场,试验中测得的超声速横向射流流场壁面压力数据被用来验证数值方法的准确性,其流场几何构造见图 2.15。

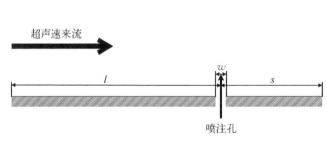

图 2.15　二维超声速横向射流流场物理模型示意图

流场入口距离喷孔中心的距离 l 为 228.6 mm,喷孔开口宽度为 0.266 7 mm,流场出口距离喷孔中心的距离 s 为 68.58 mm。空气来流马赫数为 3.75,从左向右流动,来流静压为 11 090 Pa,静温为 78.43 K。氢气从壁面开口以垂直于底面的方向注入流场,喷注马赫数为 1,喷注静温为 249 K。这些气体参数是典型的超燃冲压发动机燃烧室气体参数。喷注压比的定义为喷注气体的静压与来流静压的比值,本节中喷注压比设置为 17.72。

图 2.16 中所示为地面试验所得壁面压力与计算仿真所得壁面压力之对比,从图中可以看出数值仿真所得结果和试验数据吻合得较好,壁面压力的变化趋势很相似。此外,三个不同规模的网格计算所得数据吻合得也较好,这说明网格规模对计算结果影响不大。导致试验结果与数值仿真结果有差异的原因是多方面的,首先可能是试验的二维假设与来流均匀性假设,其次是计算仿真的精确度不够,不能足够精确地捕捉到近壁面流场参数。

算例三:三维超声速横向射流混合流场。

Aso 等[209] 开展了三维超声速横向射流流场的地面试验,其提供了宽范围喷

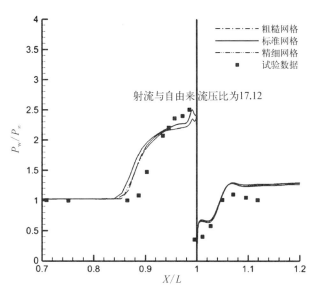

图 2.16　二维超声速横向射流流场壁面压力分布对比

注压比条件下流场壁面压力试验数据,这些压力数据对三维仿真准确性验证具有极大的价值。来流条件亦为典型的超燃冲压发动机燃烧室流体参数,参见二维超声速横向射流混合流场算例。试验喷注压比分别为 4.86、10.29、17.72 和 25.15。图 2.17 中所示为不同喷注压比条件下数值仿真结果和试验数据的对比。由图可见,试验结果和仿真结果比较吻合,尤其当喷注压比为 10.29 时。计算精度的欠缺和试验误差都是导致数据差异的可能原因。

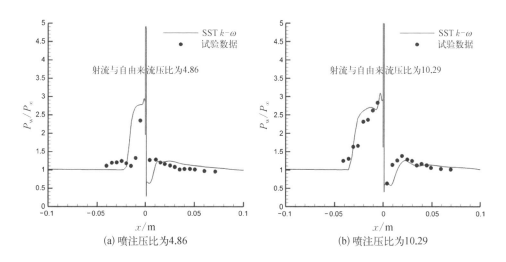

(a) 喷注压比为4.86　　　　　　　　　(b) 喷注压比为10.29

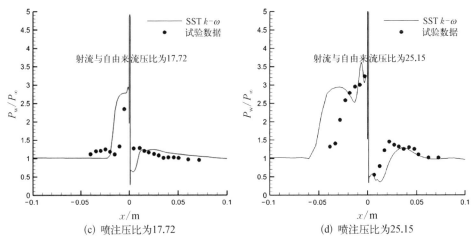

(c) 喷注压比为17.72 　　　　　　　　　　　(d) 喷注压比为25.15

图 2.17　三维超声速横向射流流场壁面压力分布对比

2.2　气动性能工程估算方法

2.2.1　高超声速工程估算方法

根据高超声速空气动力学理论,当地压力系数为当地倾角正弦值平方的 2 倍,即著名的牛顿正弦平方率,如下所示:

$$C_p = \frac{p - p_\infty}{\frac{1}{2}\rho_\infty V_\infty^2} = 2\sin^2 \delta \tag{2.1}$$

其中,δ 为来流与受力表面之间的夹角;p 和 p_∞ 分别为当地压力和来流压力;ρ_∞ 和 V_∞ 分别为自由来流的密度和速度。图 2.18 展示了速度与迎风平板受力之间的几何关系。图中来流速度 V_∞ 的攻角为 α,C_l 和 C_d 是压力系数 C_p 在升力和阻力方向上的分量。

最早的牛顿平方率虽能反映高超声速条件下物体受力的情况,但结果相对粗糙。为此,李斯特等对方程进行了修正,主要将正弦平方值前的系数进行修改,如下所示:

$$C_p = C_{p\max}\sin^2 \delta \tag{2.2}$$

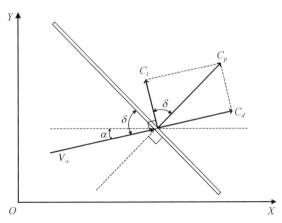

图 2.18　高超声速工程估算方法中速度与迎风平板受力几何关系示意图

其中，$C_{p\max}$ 是压力系数最大值，一般产生在弓形激波后的驻点处，即

$$C_{p\max} = \frac{p_{O2} - p_{\infty}}{\frac{1}{2}\rho_{\infty}V_{\infty}^2} \tag{2.3}$$

方程中，p_{O2} 为正激波后流体总压，它与来流静压的关系为

$$\frac{p_{O2}}{p_{\infty}} = \left[\frac{(\gamma+1)^2 M_{\infty}^2}{4\gamma M_{\infty}^2 - 2(\gamma-1)}\right]^{\frac{\gamma}{\gamma-1}}\left(\frac{1-\gamma+2\gamma M_{\infty}^2}{\gamma+1}\right) \tag{2.4}$$

其中，γ 和 M_{∞} 分别为比热比和来流马赫数。由以上方程可得 $C_{p\max}$ 的表达式如下：

$$C_{p\max} = \frac{2}{\gamma M_{\infty}^2}\left\{\left[\frac{(\gamma+1)^2 M_{\infty}^2}{4\gamma M_{\infty}^2 - 2(\gamma-1)}\right]^{\frac{\gamma}{\gamma-1}}\left(\frac{1-\gamma+2\gamma M_{\infty}^2}{\gamma+1}\right) - 1\right\} \tag{2.5}$$

可见李斯修正的工程估算公式中加入了马赫数和比热比的影响，相比于原始牛顿平方率更能反映来流对物体受力的影响。

除了李斯修正外，切锥法和切劈法也是在经典牛顿正弦平方率的基础上发展出的分别适用于圆锥类型构型和斜劈构型的修正估算法。以切锥法为例，压力系数的表达式如下：

$$C_{p\text{cone}} = 2\sin^2\delta\left[1 - \frac{(\gamma-1)Ma_{\text{ns}}^2 + 2}{4(\gamma+1)Ma_{\text{ns}}^2}\right] \tag{2.6}$$

其中

$$Ma_{ns} = K_C M' + e^{-K_C M'} \tag{2.7}$$

$$M' = Ma_\infty \sin\delta \tag{2.8}$$

$$K_C = \frac{2(\gamma + 1)}{\gamma + 3} \tag{2.9}$$

在实际应用中,应该根据不同迎风面的类型对估算方程进行选择和组合。例如,Dahlem - Buck 方法就是一种将切锥法和牛顿法相结合的算法,在工程上有着较为广泛的应用。

构型背风面通常采用 Prandtl - Meyer 方法计算压力系数,其表达式为

$$C_p = -\frac{\gamma + 1}{2}\theta^2\left\{\sqrt{1 + \left[\frac{4}{(\gamma + 1)Ma_\infty\theta}\right]^2} - 1\right\} \tag{2.10}$$

其中,θ 代表流动的偏转方向,其值与来流马赫数相关,可由 Prandtl - Meyer 方程表示,即

$$\theta(Ma_\infty) = \sqrt{\frac{\gamma + 1}{\gamma - 1}}\arctan\sqrt{\frac{\gamma - 1}{\gamma + 1}(Ma_\infty^2 - 1)} - \arctan\sqrt{Ma_\infty^2 - 1} \tag{2.11}$$

其他工程估算方法可参见相关高超声速空气动力学文献,如专著[16]和文献[210]等,本书不再赘述。另外,专著[16]第一章还介绍了黏性修正方法,以引入表面摩擦力对气动性能的影响。假设飞行器表面为绝热壁,来流为定压流条件,则层流和湍流两种情况下,物体表面特征长度下积分所得的表面摩擦系数分别为

$$C_{f,\,laminar} = 1.328\left(1 - 0.72Pr^{1/2}\frac{\gamma_e - 1}{2}Ma_{\infty e}^2\right)^{-0.183\,5}\sqrt{3^j}Re_e^{-1/2} \tag{2.12}$$

和

$$C_{f,\,turbulent} = 0.592\left(1 - 0.72Pr^{1/3}\frac{\gamma_e - 1}{2}Ma_{\infty e}^2\right)^{-0.673\,4}\sqrt{3^j}Re_e^{-1/5} \tag{2.13}$$

其中,Pr 为普朗特数;Re 为雷诺数,下标 e 表示所有特征数均是在边界层外边界上得到的;j 的取值与构型形状有关,对于平板取 $j = 0$,对于轴对称构型取 $j = 1$。

2.2.2　面元划分与法向量确定

高超声速工程估算方法求解当地压力系数时,主要影响来流方向与当地物面方向之间的夹角 δ。对于复杂飞行器,需要将其表面离散成面元,才能得到整机的受力分布情况,最后通过积分得到整机受力。将物体表面离散成面元的方法称为面元法。

面元法可将物体表面划分为四边形面元或三角形面元。图 2.19 展示了机翼表面的两种面元划分情况。面元划分后,需要确定每个面元的面积(s)、法向量($\boldsymbol{n}$)及中心位置($\boldsymbol{p}$)。以四边形面元为例,图 2.20 展示了一个面元的空间位置。假设物体表面纵向和横向分别被划分了 num_1 和 num_2 个节点,则坐标($x_{i,j}$,$y_{i,j}$,$z_{i,j}$)代表了第(i, j)个节点处点的坐标($i \in [1, num_1]$, $j \in [1, num_2]$),以此类推。向量 $\boldsymbol{P}$ 和 $\boldsymbol{Q}$ 代表两条连接面元对角线的矢量。三维空间中,$\boldsymbol{P}$ 和 $\boldsymbol{Q}$ 不一定相交,这是因为四边形面元的四个点不一定在同一个平面上,而在面元足够小的情况下,可近似忽略这种三维空间弯曲影响。根据 $\boldsymbol{P}$ 和 $\boldsymbol{Q}$,可得面元的面积近似为

$$s = \frac{1}{2} \mid \boldsymbol{P} \times \boldsymbol{Q} \mid \tag{2.14}$$

面元的单位法向量为

$$\boldsymbol{n} = \frac{\boldsymbol{P} \times \boldsymbol{Q}}{\mid \boldsymbol{P} \times \boldsymbol{Q} \mid} \tag{2.15}$$

中心位置 $\boldsymbol{p}$ 可以通过四个点加权平均得到。另外对于三角形面元,进行法向量计算时可利用两条边矢量的叉乘,其面积可通过海伦公式得到,即

$$s = \sqrt{l(l-a)(l-b)(l-c)} \tag{2.16}$$

其中,a, b, c 为三角形面元的三边长,$l = (a + b + c)/2$。

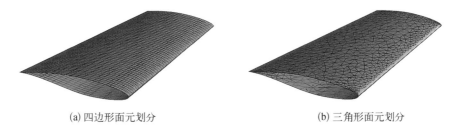

(a) 四边形面元划分　　　　　　　　　(b) 三角形面元划分

图 2.19　机翼表面两种面元划分方式

实践过程中,如果复杂构型表面被划分为三角形网格,则程序很难判断每一个三角面元的外法向矢量,利用三角形不同的两个边矢量叉乘时将可能得到方向相反的法向矢量,这可能需要在划分面元时就精确定义面元划分顺序,或者在法向矢量全部确定后利用参照物重新定义方向,这个过程无疑比较复杂。若采用四边形网格划分,则可在划分时就定义好纵向和横向网格划分顺序,并在计算法向量时按照统一的规则选取要进行叉乘的对角线矢量,例如图 2.20 所示的选取方法,这样便可以让一个表面或者整机表面上的所有面元法向量统一指向外侧,从而方便得到正确的估算结果。

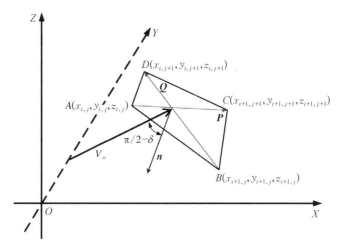

图 2.20   四边形面元与速度和法向量的空间位置关系

参考图 2.18 中的几何关系,设来流动压为 q,则可得每个 (i, j) 位置的面元阻力、升力和力矩为

$$D_{i,j} = - C_{\mathrm{p}}(i, j) \cdot qs\boldsymbol{n} \cdot \frac{\boldsymbol{V}_{\infty}}{|\boldsymbol{V}_{\infty}|} \tag{2.17}$$

$$L_{i,j} = \sqrt{[C_{\mathrm{p}}(i, j)qs\boldsymbol{n}]^2 - D_{i,j}^2} \tag{2.18}$$

$$\boldsymbol{M}_{i,j} = - C_{\mathrm{p}}(i, j)qs\boldsymbol{p} \times \boldsymbol{n} \tag{2.19}$$

此处,$\boldsymbol{M}_{i,j}$ 为以坐标原点为参考点的力矩矢量。

通过将所有面元计算的结果进行求和,即可得到飞行器整体受到的升力、阻力、力矩及飞行器自身湿面积等参数。

2.2.3　算例验证

为了验证基于面元法的工程估算程序的可信度,采用 2.1.3 节中的航天飞机作为验证模型,其风洞实验数据可参见文献[205]。Ding 等[211]针对该构型进行了数值仿真,并将仿真结果与实验结果进行了对比。该模型风洞试验中来流马赫数为 8.4,总压为 7.8 MPa。实验模型见图 2.21,该模型长为 290.1 mm,宽和高分别为 189.3 mm 和 66.6 mm。

本节采用自编工程估算程序计算不同攻角条件下该构型的升力系数、阻力系数、升阻比和力矩系数。首先对该模型进行表面网格划分,如图 2.22 所示,本节采用四边形面元对表面进行离散。计算结果与实验数据[205]及 Ding 等[211]的仿真结果进行对比,结果见图 2.23。

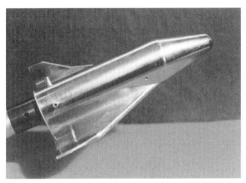
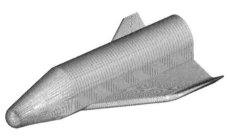

图 2.21　航天飞机验证模型[205]　　　　　图 2.22　航天飞机工程估算表面网格划分

从图 2.23(a)和(b)可见,本书采用工程估算方法的计算结果与 Ding 等的数值仿真结果吻合得较好,相比于实验数据,两者皆随着攻角的增大出现高估现

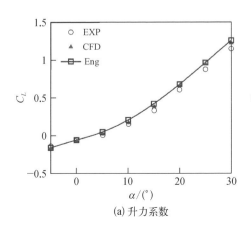
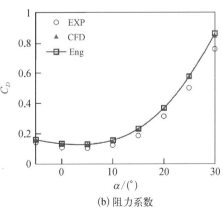

(a) 升力系数　　　　　　　　　　　　　(b) 阻力系数

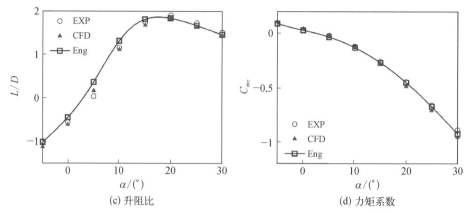

图 2.23   航天飞机气动性能估算结果验证

象,但误差可以接受。尤其是从图 2.23(c)可见,尽管在攻角为 0° 到 10° 之间有所高估,但工程估算结果能够在大攻角条件下很好地预测升阻比。图 2.23(d)展现出工程估算在力矩系数的预测方面与实验结果吻合得较好。

2.3   试验设计与数据分析

试验设计(DOE)是以通过最小样本量获取最大信息量为目标,在设计空间内选择样本点的过程,它的目标是通过获取设计变量取值矩阵的方式将设计空间进行离散。正交性反映了设计变量之间的相互独立性,是 DOE 方法的重要评价指标。正交试验设计(OED)能够从具有不同设计水平的设计参数组合中选取具有正交性的样本点组合,并以尽量少的样本点数量获取目标值对设计参数的敏感度信息。设计者可以通过 OED 分析,在优化中剔除对目标影响较小的设计参数,从而简化优化过程。该方法广泛应用于能源与空天领域,对于单个样本分析复杂的领域,该方法的优势尤为明显[212-214]。由于 OED 方法中样本点的正交性,它们还可以直接应用于构建代理模型[215-217]。伴随着 OED 的应用与普及,正交试验设计表也获得了很大扩充。本节以风机叶片翼尖小翼的设计为例,展现 OED 方法在判断设计参数重要性、简化优化系统方面的作用,具体设计过程可参考文献[197]。

2.3.1   OED 问题定义

已知影响翼尖小翼形状的设计参数有六个,如图 2.24 所示,它们分别为弯

曲半径 R_{cant}、弯曲角 Ω_{cant}、小翼翼展 L_{tip}、小翼翼稍弦长 C_{tip}、扭转角 σ 和后掠角 Θ_{sweep}。为便于参数化,本节采用后掠距离 ϑ_{sweep} 替代后掠角 Θ_{sweep} 进行设计,当 $\vartheta_{\text{sweep}} = -0.057$ 时,对应 $\Theta_{\text{sweep}} = 0$。$\vartheta_{\text{sweep}}$ 的值增大意味着 Θ_{sweep} 变大。小翼翼稍弦长 C_{tip} 用叶片弦长 C_{b} 进行归一化处理,得到比值 γ_{tip}。OED 的目的是找到各个设计参数对目标的影响力。本节将每个设计变量划分为 5 个水平,如表 2.7 所示。如果采用普选法进行采样,则共需要 $5^6 = 15\ 625$ 个样本。相比之下 OED 采用 $L_{25}(5^6)$ 正交表,只需选取 25 个正交样本[218]。本节采用的 $L_{25}(5^6)$ 正交表采样参数水平分布见附录中表 1,具体到本问题,各参数采样的参数水平值可结合表 2.7 获得。各采样点条件下的风机功率系数 C_P 计算方法见第 2.1.1 节或文献[197]。25 个样本点对应的 C_P 结果见表 2.8。另外,无小翼下叶片功率系数为 $C_{P0} = 0.091\ 7$。

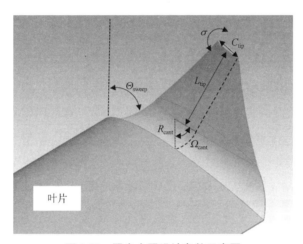

图 2.24　翼尖小翼设计参数示意图

表 2.7　翼尖小翼设计参数及水平分布

水平	L_{tip}/m	R_{cant}/m	$\Omega_{\text{cant}}/(°)$	$\vartheta_{\text{sweep}}/\text{m}$	γ_{tip}	$\sigma/(°)$
L1	0.03	0.03	20	−0.09	0.01	−14.4
L2	0.04	0.04	40	−0.07	0.15	−7.2
L3	0.05	0.05	60	−0.057	0.3	0
L4	0.06	0.06	80	0	0.45	7.2
L5	0.07	0.07	100	0.03	0.6	14.4

对 OED 所得结果有多种分析方法,本节分别介绍极差分析(ANORA)和方差分析(ANOVA)。

表 2.8　翼尖小翼 $L_{25}(5^6)$ OED 分析样本计算结果

No.	C_P	No.	C_P	No.	C_P	No.	C_P
1	0.096 2	8	0.114 1	15	0.108 2	22	0.110 6
2	0.101 7	9	0.110 3	16	0.103 8	23	0.091
3	0.104 3	10	0.084 3	17	0.087 7	24	0.084 4
4	0.098 2	11	0.098 7	18	0.083 2	25	0.106 8
5	0.076 9	12	0.077 1	19	0.099 8		
6	0.081 8	13	0.118 2	20	0.101 6		
7	0.119 8	14	0.105 2	21	0.113 4		

2.3.2　极差分析

基于附录表 1 中的 $L_{25}(5^6)$ OED 正交表和表 2.8 中的计算结果开展极差分析(ANORA),直观上判断各个设计参数对目标的影响。表 2.9 列出了平均功率系数 C_P 随各个设计参数在其水平上平均值的分布,其中 $R(C_P)$ 是特定设计参数不同水平取值下的功率系数结果范围。可见 σ 一栏下的 $R(C_P)$ 值最大,这意味着 σ 是对 $R(C_P)$ 值影响最大的参数。表中加粗的数值是每一栏中结果的最大值,意味着当各个设计变量取对应水平时,得到的功率系数结果相对最优。

表 2.9　翼尖小翼 OED 结果的极差分析

水平 ＼ $\bar{C}_P$	L_{tip}/m	R_{cant}/m	$\Omega_{cant}/(°)$	ϑ_{sweep}/m	γ_{tip}	$\sigma/(°)$
L1	0.095 46	0.095 9	0.098 78	0.095 24	0.098 12	**0.108 16**
L2	**0.102 06**	0.096 5	0.099 38	0.098 48	0.100 14	0.107 2
L3	0.101 48	**0.101 76**	**0.102 16**	0.097 16	0.095 78	0.107 44
L4	0.095 22	0.1	0.099 58	**0.104 56**	**0.102 08**	0.091 98
L5	0.101 24	0.101 3	0.095 56	0.100 02	0.099 34	0.080 68
max	0.102 06	0.101 76	0.102 16	0.104 56	0.102 08	0.108 16
min	0.095 22	0.095 9	0.095 56	0.095 24	0.095 78	0.080 68
平均值	0.099 092	0.099 092	0.099 092	0.099 092	0.099 092	0.099 092
$R(C_p)$	0.006 84	0.005 86	0.006 6	0.009 32	0.006 3	0.027 48

总体而言,表 2.9 展现出 6 个设计参数对目标影响大小的顺序为 $\sigma > \vartheta_{sweep} > L_{tip} > \Omega_{cant} > \gamma_{tip} > R_{cant}$。

2.3.3　方差分析

方差分析(ANOVA)用于估计各个参数对总体响应贡献方面的重要性。它能够反映出对结果具有重要影响的参数。

表 2.10 展示了对表 2.8 中正交试验设计结果的方差分析过程和结果。其中 SSW 为组内离差平方和,是每个参数所有取值水平下偏差平方和的总和;SSB 为组间离差平方和,是每个参数所有取值水平下均值对总均值的偏差平方和;DoFW 为组内自由度,是总观察样本数与对应参数取值水平数的差值;DoFB 是组间自由度,是各参数取值水平数减去 1[219,220]。F_{value} 是统计学中方差比率检验(F 检验)的统计方差比率值,定义为

$$F_{value} = \frac{SSB/DoFB}{SSW/DoFW} \tag{2.20}$$

F 检验是统计学中常用的参数对目标重要性评判方法,通过比较参数 F 值与标准 F 值的大小可判断参数的重要性。标准 F 值表见附录中表 2[221]。由于本书中所有参数的 DoFW 均为 20,所有 DoFB 均为 4,故查表可得5%重要性水平的标准 F 值为 $F_{0.05} = 2.87$。当特定参数的 F_{value} 值大于标准 $F_{0.05}$ 值,即表明该参数对目标值的重要性。由表 2.10 可见,σ 的 $F_{value} = 17.75056$,大于 $F_{0.05} = 2.87$,而其他参数的 F_{value} 均小于 2.87,故 6 个研究参数中只有 σ 具有较大的重要性。该结果与 ANORA 中得出的结论一致,这意味着在优化设计过程中,应该将 σ 作为重点研究的设计参数。

表 2.10　翼尖小翼设计 OED 结果的方差分析

	L_{tip}/m	R_{cant}/m	$\Omega_{cant}/(°)$	ϑ_{sweep}/m	γ_{tip}	$\sigma/(°)$
SSW	0.003 655	0.003 743	0.003 78	0.003 643	0.003 781	0.000 855
SSB	0.000 237	0.000 149	0.000 112	0.000 249	0.000 110	0.003 036
DoFW	20	20	20	20	20	20
DoFB	4	4	4	4	4	4
F_{value}	0.323 602	0.198 549	0.147 531	0.341 11	0.145 461	17.750 56
$F_{0.05}$	2.866 1	2.866 1	2.866 1	2.866 1	2.866 1	2.866 1
重要性	0	0	0	0	0	1

相比于 ANORA,ANOVA 能够定量展示参数的重要性,具有更加科学的理论依据,而 ANORA 能够定性分析出目标对各设计参数的敏感度。两者共同应用于试验设计结果的分析,有利于帮助决策者排除不必要的设计参数干扰,

提高优化效率。

2.4   代理模型及加点方法的实现及验证

2.4.1   Kriging 模型原理

Kriging 是一种来源于地质学的插值模型,是一种结合了工程和统计学的近似方法。Kriging 模型因具有较大的灵活性而备受青睐,成为近年来应用最广泛的代理模型之一[222]。其模型方程如下[182]:

$$y(\boldsymbol{x}) = f(\boldsymbol{x}) + Z(\boldsymbol{x}) \tag{2.21}$$

其中,$y(\boldsymbol{x})$ 为待定响应;$f(\boldsymbol{x})$ 为多项式函数,是对设计空间全局的近似;$Z(\boldsymbol{x})$ 是均值为 0、方差为 δ^2、协方差非 0 的随机函数,表示近似模型对全局结果的背离。

对于 m 维输入向量 $\boldsymbol{x}$,响应 $\hat{f}(\boldsymbol{x})$ 可用下式计算:

$$\hat{f}(\boldsymbol{x}) = \hat{\mu}(\boldsymbol{x}) + \boldsymbol{r}^{\mathrm{T}} \boldsymbol{R}^{-1}(f - \hat{\mu}) \tag{2.22}$$

式中,$\boldsymbol{r}$ 为输入 $\boldsymbol{x}$ 与各样本点 $\{\boldsymbol{x}^1, \boldsymbol{x}^2, \cdots, \boldsymbol{x}^n\}$ 的相关系数;$\boldsymbol{R}$ 为样本点相关矩阵。$\boldsymbol{r}$ 和 $\boldsymbol{R}$ 的基本元素为相关评估函数。高斯函数是相对最常用的评估函数。除此之外,还有自然指数相关评估函数和一般指数相关评估函数等。

对于具有 m 个设计变量的问题,相当于每个取样过程都是在一个 m 维的样本空间中选取。假设在 m 维空间按照拉丁超立方抽样选取 n 个点,即 $\{\boldsymbol{x}^1, \boldsymbol{x}^2, \cdots, \boldsymbol{x}^n\}$,则可通过欧氏距离求解方法获得每个样本点相互之间的距离,即

$$d(\boldsymbol{x}^i, \boldsymbol{x}^j) = \sum_{k=1}^{m} \theta_k (\boldsymbol{x}_k^i - \boldsymbol{x}_k^j)^2 \tag{2.23}$$

其中,$\boldsymbol{\Theta} = (\theta_1, \theta_2, \cdots, \theta_m)^{\mathrm{T}}$。

然后利用点间距离定义关系矩阵 $\boldsymbol{R}$:

$$\boldsymbol{R} = \begin{bmatrix} \mathrm{Corr}[\varepsilon(\boldsymbol{x}^1), \varepsilon(\boldsymbol{x}^1)] & \mathrm{Corr}[\varepsilon(\boldsymbol{x}^1), \varepsilon(\boldsymbol{x}^2)] & \cdots & \mathrm{Corr}[\varepsilon(\boldsymbol{x}^1), \varepsilon(\boldsymbol{x}^n)] \\ \mathrm{Corr}[\varepsilon(\boldsymbol{x}^2), \varepsilon(\boldsymbol{x}^1)] & \mathrm{Corr}[\varepsilon(\boldsymbol{x}^2), \varepsilon(\boldsymbol{x}^2)] & \cdots & \mathrm{Corr}[\varepsilon(\boldsymbol{x}^2), \varepsilon(\boldsymbol{x}^n)] \\ \vdots & \vdots & & \vdots \\ \mathrm{Corr}[\varepsilon(\boldsymbol{x}^n), \varepsilon(\boldsymbol{x}^1)] & \mathrm{Corr}[\varepsilon(\boldsymbol{x}^n), \varepsilon(\boldsymbol{x}^2)] & \cdots & \mathrm{Corr}[\varepsilon(\boldsymbol{x}^n), \varepsilon(\boldsymbol{x}^n)] \end{bmatrix}$$

$$\tag{2.24}$$

其中相关函数采用高斯型函数：

$$\text{Corr}[\varepsilon(\boldsymbol{x}^i), \varepsilon(\boldsymbol{x}^j)] = \exp[-d(\boldsymbol{x}^i, \boldsymbol{x}^j)] \tag{2.25}$$

另外，Kriging 方程中的其他未知量也可依次获得[223]：

$$\boldsymbol{r} = \begin{bmatrix} \text{Corr}[\varepsilon(\boldsymbol{x}), \varepsilon(\boldsymbol{x}^1)] \\ \text{Corr}[\varepsilon(\boldsymbol{x}), \varepsilon(\boldsymbol{x}^2)] \\ \vdots \\ \text{Corr}[\varepsilon(\boldsymbol{x}), \varepsilon(\boldsymbol{x}^n)] \end{bmatrix}, \boldsymbol{f} = \begin{bmatrix} f(\boldsymbol{x}^1) \\ f(\boldsymbol{x}^2) \\ \vdots \\ f(\boldsymbol{x}^3) \end{bmatrix}, \hat{\mu}(\boldsymbol{x}) = \mu = \frac{\boldsymbol{1}\boldsymbol{R}^{-1}\boldsymbol{f}}{\boldsymbol{1}\boldsymbol{R}^{-1}\boldsymbol{1}^\mathrm{T}}$$

至此 Kriging 方程中的未知量只剩下正实数相关参数矢量 Θ，因此确定相关参数矢量 Θ 成为建立 Kriging 模型的重要过程。

定义对数拟然估计函数 Ln 如下：

$$Ln = -\frac{n}{2}[\ln(2\pi) + 1] - [n\ln(\hat{\sigma}^2) + \ln|\boldsymbol{R}|]/2 \tag{2.26}$$

其中，$\hat{\sigma}^2$ 也是与 Θ 相关的函数，其定义为

$$\hat{\sigma}^2 = \frac{(\boldsymbol{f} - \hat{\mu})^\mathrm{T}\boldsymbol{R}^{-1}(\boldsymbol{f} - \hat{\mu})}{n} \tag{2.27}$$

因此，函数 Ln 中只存在未知数向量 Θ，每一组 Θ 都能对应生成一个插值模型，而要使插值模型能够与原始模型更好地吻合，则需要寻找一组正实数向量 Θ，使得 Ln 达到最大值。该过程则可以通过优化进行。将优化后得到的 Θ 代入 Kriging 预测方程，即可得到任意输入 $\boldsymbol{x}$ 下的响应值。

2.4.2　函数验证

本节分别采用一维函数和二维 Rosenbrock 函数作为验证函数，验证了内部 Kriging 函数的拟合精度。一维函数表达式如下：

$$f(x) = \sin(x)/x \tag{2.28}$$

在 $[-12, 12]$ 样本区间内均匀选取 12 个样本点作为训练样本，采用遗传算法优化求解一维 Θ 值，得到 $\Theta = [0.066\ 1]$。从而得到了一维 Kriging 插值模型，其与原函数值得对比结果如图 2.25 所示。可见在训练样本足够多的条件下，Kriging 模型能够非常精确地对一维函数进行预估。

Rosenbrock 函数又称为香蕉函数，它常被用来进行优化算法测试，其特点是

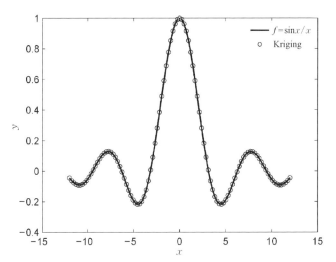

图 2.25　12 个样本点条件下 Kriging 模型对一维函数的预测

每个等高线都大致呈抛物线形。以二维 Rosenbrock 函数为例,其表达式如下:

$$f(x_1, x_2) = (1 - x_1)^2 + 100 (x_2 - x_1^2)^2 \tag{2.29}$$

在 $x_1, x_2 \in [0, 1]$ 的样本空间内随机选取 15 个样本点作为训练样本,得到二维 Kriging 函数,其预测结果与实际二维 Rosenbrock 函数的对比如图 2.26 所示。该图展现了实际函数与拟合函数的响应值及残差,可见在 15 个训练样本条件下建立的代理模型已经能够很好地预估实际模型。

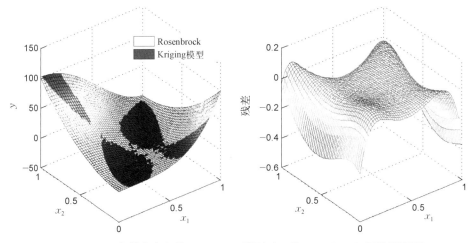

图 2.26　15 个样本点条件下 Kriging 模型对二维 Rosenbrock 函数的预测

2.4.3　最大 MSPE 加点方法

Kriging 模型建立过程中需要根据训练样本点建立关系矩阵 $\boldsymbol{R}$。样本点的数量决定了该矩阵的规模。在多维 Kriging 建模过程中，往往需要较大的样本空间，因此关系矩阵 $\boldsymbol{R}$ 的规模很大，导致求逆过程出现困难，即使采用 doolittle 分解的方式分解矩阵 $\boldsymbol{R}$ 后再求逆，$\boldsymbol{R}$ 的规模仍然有所限制。因此，一方面 Kriging 模型在处理高维问题时容易陷入所谓的"维数灾难"，另一方面样本点的数量过多不但不利于模型的建立，而且还要消耗计算资源。然而较少的样本很难建立精确的代理模型，因此在少量样本点的基础上通过加点的方法使模型精度达到预期则显得更有意义。

通常情况下先通过试验设计方法进行采样，常用的采样方法包括正交试验设计、均匀试验设计、拉丁超立方采样（LHS）和蒙特卡罗方法等。这些方法往往能在给定样本数量约束的情况下使样本空间内的采样更加均匀。通过训练样本建立代理模型，并预估样本空间内任意位置 $\boldsymbol{x}$ 的近似模型预估误差平方（square predicted error，SPE）：

$$\Phi(\boldsymbol{x}) = \left[\hat{y}(\boldsymbol{x}) - y(\boldsymbol{x})\right]^2 \tag{2.30}$$

SPE 的期望定义为均方预估误差（mean square predicted error，MSPE）。Kriging 模型中 MSPE 表达式如下：

$$\hat{\Phi}(\boldsymbol{x}) = E\left[\Phi(\boldsymbol{x})\right] = \hat{\sigma}^2\left[1 + \boldsymbol{u}^{\mathrm{T}}(\boldsymbol{F}^{\mathrm{T}}\boldsymbol{R}^{-1}\boldsymbol{F})^{-1}\boldsymbol{u} - \boldsymbol{r}^{\mathrm{T}}\boldsymbol{R}^{-1}\boldsymbol{r}\right] \tag{2.31}$$

可见 Kriging 模型具有精度自评估能力。

在样本空间内寻找最大 MSPE 出现的位置，并在该位置添加样本点，继续建模和评估，直至最大 MSPE 值达到预期精度，即可建立较为精确的 Kriging 模型[223]。该过程见图 2.27。

通过二维 Haup 函数对该加点方法进行验证。该函数是典型的多峰函数，拟合过程较为困难。Haup 函数的表达式如下：

$$f(x_1, x_2) = x_1\sin(4x_1) + 1.1x_2\sin(2x_2), \quad x_1, x_2 \in [0, 3.5] \tag{2.32}$$

在 $x_1, x_2 \in [0, 4]$ 的样本空间内，初始采用 LHS 采 20 个样本点，首次 Θ 用 GA 求得，后续 Θ 以上一次 Θ 值为初值，利用基于梯度的单纯形法求得。加点终止条件为 max（MSPE）<0.1，结果共加点 33 次，即采样点共 54 个。样本点分布、函数的拟合情况及残差和 MSPE 的分布如图 2.28 所示，图 2.29 展示了最大 MSPE 加点过程中最大 MSPE 值的变化过程。实验发现，若每次加点后都采

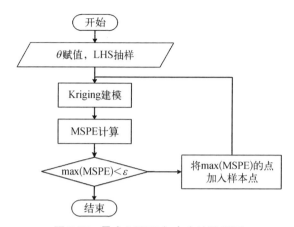

图 2.27 最大 MSPE 加点方法流程图

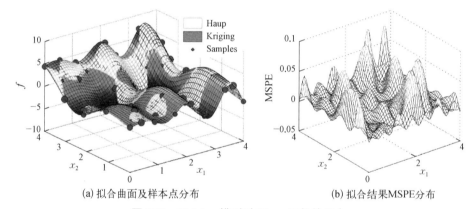

(a) 拟合曲面及样本点分布   (b) 拟合结果MSPE分布

图 2.28 Kriging 模型对 Haup 函数的拟合

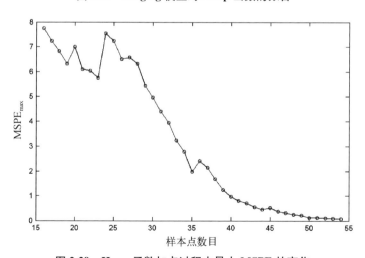

图 2.29 Haup 函数加点过程中最大 MSPE 的变化

用 GA 求 Θ,不仅求解速度慢,而且容易发散,得不到合理的 Θ 值,$\boldsymbol{R}$ 矩阵也将接近奇异,从而求逆出现困难,以至于得不到正确的模型。

2.4.4　Kriging 模型的工程应用

在垂直轴风机叶片的设计中,叶片翼型的弯度(M)和最大弯度位置(P)通过影响翼型形状而影响叶片功率系数。本节通过 Kriging 模型建立叶片功率系数(C_P)与两个设计参数之间的响应关系,从而研究使功率系数值达到最大的参数配置,同时验证 Kriging 模型在工程应用中的有效性。本节以 NACA0021 翼型为基准翼型,该翼型最大厚度是弦长的 21%。采样过程选择 LHS 方法,其中 M 的样本值范围为[-9,9],P 的样本值范围为[1,9],这些参数的组合可以覆盖给定厚度的所有 NACA 四位数翼型。LHS 共采取了 16 个样本点,其分布和对应的叶片功率系数 C_P 列于表 2.11 中。

表 2.11　风机叶片设计中参数的拉丁超立方采样表及对应功率系数

No.	M	P	C_P	No.	M	P	C_P
1	-3.11	2.622	0.201 7	9	0.36	1.710	0.229 5
2	-0.63	8.502	0.228 4	10	-1.58	5.235	0.241 8
3	3.17	6.519	0.192 1	11	-5.55	7.549	0.196 9
4	6.19	3.732	0.088 2	12	-6.16	2.230	0.107 5
5	-3.96	5.518	0.208 3	13	4.24	4.284	0.130 4
6	1.13	4.942	0.216 4	14	8.55	6.229	0.090 8
7	6.91	7.474	0.160 8	15	-7.54	1.144	0.048 7
8	-8.96	3.348	0.080 7	16	5.00	8.492	0.213 2

为了建立精确的代理模型,本节采用最大 MSPE 加点方法不断优化 Kriging 模型。最终建立的 Kriging 模型曲面如图 2.30 所示。图中粉色的点代表所有用于建立最终代理模型的样本;黑色点和蓝色点分别代表用于验证代理模型精度的样本预测响应值和实际响应值。由于黑色点和蓝色点吻合得较好,因此可以说本节建立的代理模型足够精确。图中红色曲线代表了无弯度翼型的所有样本分布,它对应了 $M=0$ 的所有样本点。图中标注的点[-0.36,2.92,0.253 5]是达到最大功率系数时的样本位置,该图反映出具有最大功率系数的翼型非常接近于对称翼型,且最大弯度仅为翼型弦长的 0.36%。总体而言,在相同翼型厚度条件下,对称翼型相比于非对称翼型具有更好的功率系数表现。

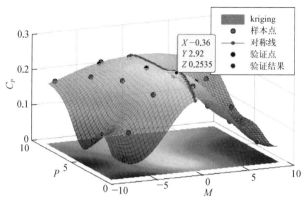

图 2.30 风机叶片功率系数与翼型弯度、最大弯度位置间的 **Kriging** 模型

2.5 小结

本章作为后续工作开展的基础,详细介绍了开展组合动力飞行器 MDO 研究中所需的数值计算方法、气动性能工程估算方法、试验设计方法及代理模型建模方法。

本章基于三维垂直轴风机的 RANS 非定常仿真和 DLR－F6 模型的 RANS 定场仿真验证了三维低速数值模拟中的网格无关性和模型精度;基于 Onera M6 机翼的跨声速 RANS 仿真验证了三维跨声速数值模拟的模型精度,并展示了 Overset 网格划分方法和仿真方法在复杂构型模拟领域的实用性;基于空天飞机的三维 RANS 仿真验证了三维高超声速外流场数值模拟的模型精度;通过二维和三维超声速内流道流场的 RANS 仿真,验证了发动机内流仿真模型的精度;建立了精度高、适应性广泛的超声速/高超声速工程估算方法和面元划分方法,并展示了其在复杂构型气动计算方面的高效与准确。本章构建和验证的数值仿真方法及工程估算方法是后文飞行器气动、推进系统研究开展的基石。

本章通过介绍 OED 方法的实际工程应用案例展示了正交试验设计在多参数多水平问题中判别参数影响趋势的能力。基于 OED 结果开展的 ANORA 和 ANOVA 能够有效帮助设计者排除干扰参数,选择主要影响参数,从而简化优化问题。本章构建了 Kriging 代理模型并用最大 MSPE 加点方法不断优化代理精度,使得高成本的样本点高精度响应计算能被低成本的代理模型预测替代,从而节约计算资源。OED 方法和 Kriging 一起能够科学简化优化问题,节约优化成本,为后文的 MDO 研究提供技术支持。

第 3 章

参数化建模方法研究与比较

飞行器的参数化建模是气动外形设计和结构分析中十分重要的环节。参数化过程是以代数的形式使得飞行器构型数值可控,是一种几何空间到数值空间的映射过程。高效的参数化过程能够以少量参数控制大范围的几何空间,并且参数化过程需要具有一定的稳健性。设计者按照一定规则设计参数控制飞行器构型,并对该构型进行分析和优化,从而能够设计出满足一定约束和期望的外形。随着飞行器构型越来越复杂,设计精度要求越来越高,迫切需要发展拟合精度高、参数化范围广、设计变量少及对设计参数反应灵敏的参数化建模方法。本章介绍并对比了国际上主流的二维参数化建模方法在翼型曲线拟合方面的性能,实现了三维参数化建模方法在复杂曲面上的控制应用,为组合动力飞行器气动外形控制提供了参考依据。

3.1 二维参数化建模方法在翼型设计中的应用

3.1.1 B 样条方法

B 样条方法因其强大的局部修饰能力及灵活的控制特性而在 CAD 软件领域得到广泛应用[45]。B 样条函数可以看作是一系列基函数通过控制点进行的线性组合。二维样条函数可表示为

$$C(\xi) = \sum_{i=0}^{n} N_i^p(\xi) \boldsymbol{B}_i, \quad a \leqslant \xi \leqslant b \tag{3.1}$$

其中, a 和 b 限定了坐标 ξ 的取值范围,若考虑归一化坐标范围,则可取 $a = 0$, $b = 1$; C 为函数响应值; N_i^p 为第 i 个 p 阶基样条函数; $\boldsymbol{B}_i$ 为第 i 个控制点坐标, $i = 0, 1, \cdots, n$ 。对于翼型这类具有特定形状曲线的参数化问题,应将 $\boldsymbol{B}_0$ 和 $\boldsymbol{B}_n$

分别固定在翼型头部和尾部端点。中间控制点的横坐标可以按照均匀分布或余弦函数分布[40],即

$$\boldsymbol{B}_0 = (0, 0), \quad \boldsymbol{B}_i = \left(\frac{i-1}{n-2}, a_i\right), \quad \boldsymbol{B}_{n-1} = (1, z_{\text{te}})$$

或

$$\boldsymbol{B}_0 = (0, 0), \quad \boldsymbol{B}_i = \left(\frac{1}{2}\left\{1 - \cos\left[\frac{\pi(i-1)}{n-2}\right]\right\}, a_i\right), \quad \boldsymbol{B}_{n-1} = (1, z_{\text{te}})$$

$$(3.2)$$

其中,a_i 代表 $n-2$ 个代数设计变量,控制着每个中间基曲线的权重。

每个样条基函数均为定义在节点向量 $\boldsymbol{T}$ 上的分段多项式,对于具有 $n+1$ 条 p 阶基函数的 B 样条函数,其节点函数一般表示为

$$T = \{\underbrace{a, \cdots, a}_{p}, \xi_{p+1}, \cdots, \xi_n, \underbrace{b, \cdots, b}_{p+1}\} \qquad (3.3)$$

T 中各节点按照取值由小到大分布。两端点作为重复节点是为了保证函数通过两端控制点 $\boldsymbol{B}_1$ 和 $\boldsymbol{B}_n$,且在两端保证 p 阶可微。基函数 $N_i^p(\xi)$ 均为定义在 T 内的分段函数,其值可通过逐次迭代得到

$$\begin{cases} N_i^0 = \begin{cases} 1, & \xi_i \leqslant \xi \leqslant \xi_{i+1} \\ 0 & \text{其他} \end{cases} \\ N_i^p(\xi) = \dfrac{\xi - \xi_i}{\xi_{i+p} - \xi_i} N_i^{p-i}(\xi) + \dfrac{\xi_{i+p+1} - \xi}{\xi_{i+p+1} - \xi_{i+1}} N_{i+1}^{p-1}(\xi) \\ \text{provided:} \dfrac{0}{0} = 0 \end{cases} \qquad (3.4)$$

由此可见,给定基函数阶数 p,并定义节点向量 T,则可确定 n 条基函数曲线的形状。对于翼型曲线的设计,由于头部和尾部控制点位置确定,则实际需要控制的变量数为 $n-2$ 个,均为中间控制点的法向坐标。另外,由基函数的迭代性质可知,每个控制点位置的改变只会改变周围 $k+1$ 个节点范围内的曲线形状,因此 B 样条函数具有很强的局部特征控制能力。作为案例,图 3.1 展示了 9 条 5 阶基曲线形成的 B 样条函数对 NACA2413 翼型拟合的曲线及残差,图 3.2 则展现了这 9 条 5 阶 B 样条基曲线的形状和分布,其中设计变量的取值为

$$a = [0.015, 0.052, 0.083, 0.089, 0.068\ 5, 0.04, 0.012]$$

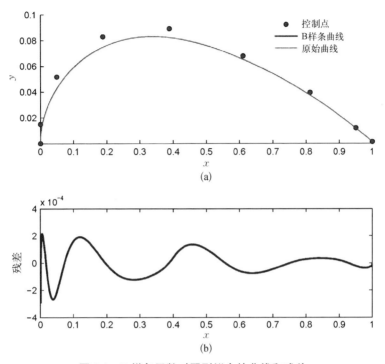

图 3.1   **B 样条函数对翼型拟合的曲线和残差**

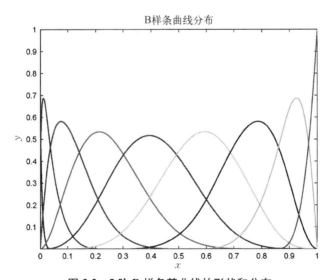

图 3.2   **5 阶 B 样条基曲线的形状和分布**

3.1.2 CST 方法

类别/形状函数转换(CST)法是 Kulfan[53,54] 在 2007 年首次提出的一种双层翼型拟合方法。该方法将翼型曲线表示为类别函数 C 和形状函数 S 的乘积。由类别函数决定曲线的基础类型,并通过形状函数对其进行进一步修饰,从而具有了广阔的参数化空间和精确的拟合能力。CST 函数的表达式为

$$\varsigma(\varphi) = C_{N_2}^{N_1}(\varphi) \times S(\varphi) \tag{3.5}$$

其中,φ 可表示为 x/c,c 为翼型弦长,即 φ 是对 x 方向坐标的归一化处理;$C_{N_2}^{N_1}(\varphi)$ 为类函数,$S(\varphi)$ 为形状函数,两者共同决定翼型曲线。类函数受到 N_1 和 N_2 两个参数的控制,其不同的取值形成了不同的曲线基准形状,如图 3.3 所示。

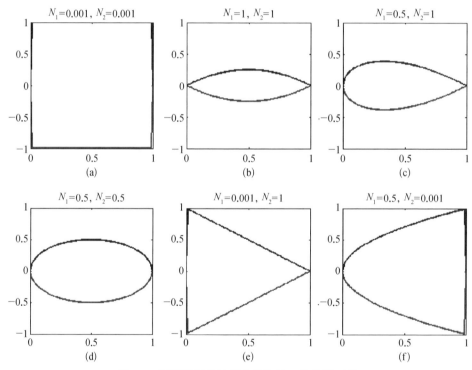

图 3.3 不同类函数控制参数取值下的曲线形状

对于圆头尖尾的翼型曲线,一般取 $N_1 = 0.5$,$N_2 = 1$[224,225]。类函数的表达式为

$$C_{N_2}^{N_1}(\varphi) = \varphi^{N_1}(1 - \varphi)^{N_2} \tag{3.6}$$

形状函数通常由 Bernstein 多项式表示,其表达式为

$$S(\varphi) = \sum_{i=0}^{n} \text{Bern}_i \cdot \binom{n}{i} \varphi^i (1-\varphi)^{n-i} \tag{3.7}$$

其中, n 表示多项式阶数; Bern_i 表示 Bernstein 系数,共有 $n+1$ 个,同时也表示形状函数共需要 $n+1$ 个控制点。每一组 Bern_i 表示一条特有的曲线,因此 Bern_i 也是对翼型进行拟合和优化的设计变量。在对翼型进行拟合时,可通过优化方法求 Bern_i, 即在已知翼型曲线的条件下,以给定阶数下拟合残差的均方值为优化目标,求取使得拟合残差均方值最小情况下的一组 Bernstein 系数。但是优化法在求取较多参数下的最优设计变量时往往需要较大的计算量,而且有可能陷入局部最优解,因此一般采用求系数矩阵的方法反解 Bernstein 系数。给定控制点 $[\varphi_j, y(\varphi_j)]$, 令

$$M_i(\varphi_j) = C(\varphi_j) \cdot \binom{n}{i} \varphi_j^i (1-\varphi_j)^{n-i} \tag{3.8}$$

则可得

$$\begin{bmatrix} M_0(\varphi_0) & M_1(\varphi_0) & \cdots & M_n(\varphi_0) \\ M_0(\varphi_1) & M_1(\varphi_1) & \cdots & M_n(\varphi_1) \\ \vdots & \vdots & & \vdots \\ M_0(\varphi_n) & M_1(\varphi_n) & \cdots & M_n(\varphi_n) \end{bmatrix} \begin{bmatrix} \text{Bern}_0 \\ \text{Bern}_1 \\ \vdots \\ \text{Bern}_n \end{bmatrix} = \begin{bmatrix} y(\varphi_0) \\ y(\varphi_1) \\ \vdots \\ y(\varphi_n) \end{bmatrix} \tag{3.9}$$

通过上式即可反解求出 Bern_i, $i = 0, \cdots, n$ [224]。控制点在横坐标范围内均匀选取的情况下,CST 方法得到的系数使得拟合曲线在翼型头、尾区域的拟合精度较差,Zhang 等[178]改变控制点排布方式,将其改为反正切函数的取点规则,增加了两端取点密度,从而改善了拟合精度,如图 3.4 所示。

图 3.5 展示了 4 阶 Bernstein 多项式得到的单位形状函数曲线,可见相比于样条曲线,形状曲线的局部控制能力较弱。因此,即便对翼型头尾部分参数化拟合误差较大, 也难以通过自变量的增加使精度得到很大改善。因此,Su 等[79]用 B 样条函数代替 Bernstein 方程作为形状函数。Straathof 等[60-62]则在传统 CST 函数的基础上再乘以一个样条函数作为改善函数,形成了 CSRT 参数化建模方法, 该方法的函数表达式为

$$\varsigma(\varphi) = C_{N_2}^{N_1}(\varphi) \times S(\varphi) \times R(\varphi) \tag{3.10}$$

该方法在原来 CST 方程的基础上增加局部修正项,一方面改善了 CST 方法

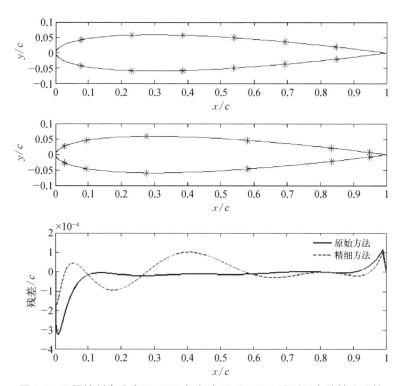

图 3.4 不同控制点分布下 CST 方法对 NACA0012 翼型拟合的精度比较

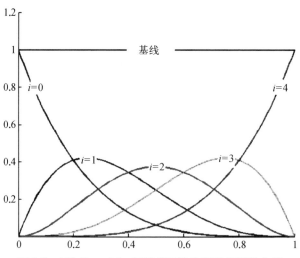

图 3.5 4 阶 Bernstein 多项式下的单位形状函数曲线

的参数化能力,另一方面增加了设计变量个数,为优化设计增加了负担。

3.1.3　SVD 正交分解方法

设计变量的正交性是评判参数化建模方法性能的一个重要指标,正交性强的参数化建模方法能够以较少的设计变量个数更加有效地表示较大的设计空间,而且设计变量的增加总能使设计空间在原来的基础上进一步拓展。正交同时意味着每个翼型都对应一组特定的设计变量组合,从而避免了设计冗余[38]。Poole 等[76]提出通过训练一系列已知的翼型曲线,将其坐标信息归纳到一个坐标矩阵,并通过奇异值分解获得波动模态信息,以这些模态为基设计新的翼型。奇异值分解获得的翼型波动模态具有正交性,通过赋予其不同的权重可以得到特定的外形。其具体操作如下。

已知 M 个翼型的坐标信息,将其作为训练样本。由于从翼型库中获得的翼型坐标分布不尽相同,可通过插值和归一化处理统一获得横坐标在$[0, 1]$区间按照一定规律分布的归一化坐标信息,并使得每个翼型的样本点数量为 N。以每个翼型归一化后的纵坐标向量为基建立矩阵 T:

$$T = \begin{bmatrix} z_1^1 & z_2^1 & \cdots & z_N^1 \\ z_1^2 & z_2^2 & \cdots & z_N^2 \\ \vdots & \vdots & & \vdots \\ z_1^M & z_2^M & \cdots & z_N^M \end{bmatrix} \tag{3.11}$$

对 T 进行奇异值分解:

$$\mathrm{svd}(T) = U \cdot \boldsymbol{\Sigma} \cdot V \tag{3.12}$$

在该方程中, $V = [v_1, v_2, \cdots, v_N]$ 是一个 $N×N$ 矩阵,其每个列向量代表相互正交的模态; $\boldsymbol{\Sigma}$ 为 $M×N$ 矩阵,其前 M 列构成了一个对角矩阵,对角矩阵上的每个值代表对应 V 中模态的能量值,能量值越大表明该模态对翼型外形的影响越大。选择前 p 个模态作为设计变量的基,则新翼型可表示为[73]

$$z = \sum_{i=1}^{p} a_i s_i v_i \tag{3.13}$$

其中, a_i 为设计变量; s_i 为能量值。若翼型尾部不在 $z = 0$ 轴上,则上式还应加上 $z_{te} x$ [39,40]。另外,SVD 方法还可先对训练翼型求平均,然后将训练样本取为减去平均值的翼型坐标点。这样新翼型可表示为[39,40,76]

$$z = \bar{z} + \sum_{i}^{p} a_i v_i + z_{te} x \qquad (3.14)$$

值得注意的是,在模态加权求和过程中,是否加入能量值仅仅决定了对应设计变量 a_i 的取值范围,并不影响整个设计过程。在训练翼型充分的条件下,一般选 6 个模态即可占据全部模态能量的 99% 以上[73]。作为测试,本节对对称翼型进行随机采样,选取了 9 个翼型样本进行奇异值分解,得到前 6 个模态的曲线,如图 3.6 所示。

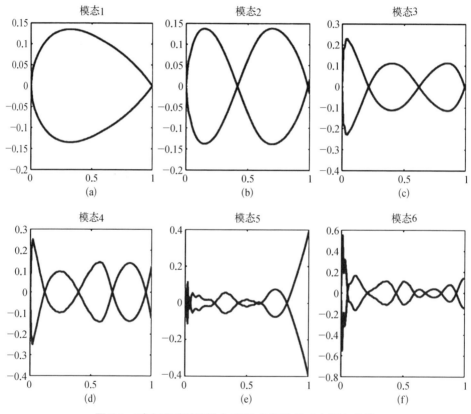

图 3.6　对称翼型训练样本 SVD 分解的前 6 个模态曲线

从图 3.6 可知,模态 1 决定了翼型的基准曲线,类似于 CST 方法中的类别函数曲线,其他模态均为波动曲线,能在模态 1 的基础上对翼型进行越来越精细的调整,且其对翼型整体的影响,即模态能量,也依次递减(图 3.7)。图 3.8 作为案例,展示了 SVD 方法对 NASA SC(2)-0414 翼型上曲线的拟合效果,该方法中采用了 9 个训练翼型 6 个设计模态,训练翼型中只有一个是 NASA 系列翼型。该翼型尾部

并不在 x 轴上,归一化后的 y 方向顶点无量纲高度为 0.070 2。可见在基曲线的基础上通过 6 个模态的叠加组合,最终得到了与原始翼型吻合程度较高的翼型形状。

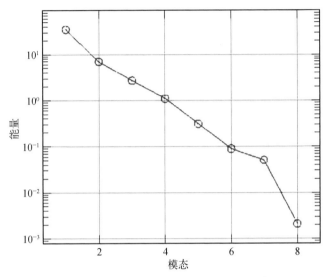

图 3.7　前 6 个 SVD 模态对应的能量分布

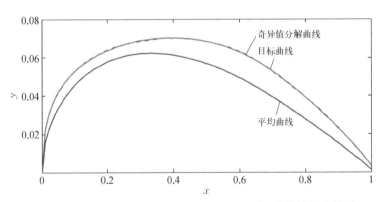

图 3.8　SVD 方法对 NASA SC(2)-0414 翼型上曲线的拟合效果

3.1.4　PARSEC 方法

PARSEC 是一种面向翼型设计的参数化建模方法[226]。该方法定义了 11 个具有实际物理意义的基本参数来描述翼型曲线,也因此使得翼型的参数化设计更具目的性。图 3.9 展示了设计参数在翼型几何曲线上的分布,这些参数代表的物理意义列于表 3.1 中。

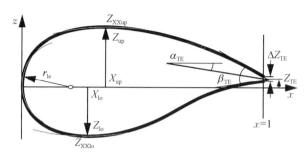

图 3.9　PARSEC 方法中设计参数在翼型控制上的实际意义[39]

表 3.1　PARSEC 方法中设计参数的物理意义

参 数	物 理 意 义	参 数	物 理 意 义
r_{le}	前缘半径	Z_{XXlo}	下曲线顶点曲率
Z_{XXup}	上曲线顶点曲率	α_{TE}	尾部下洗角
Z_{up}	上曲线顶点纵坐标	β_{TE}	船尾夹角
X_{up}	上曲线顶点横坐标	Z_{TE}	尾部上扬高度
X_{lo}	下曲线顶点横坐标	ΔZ_{TE}	尾部厚度
Z_{lo}	下曲线顶点纵坐标		

PARSEC 方法是基于翼型两侧曲线的多项式表达,将每一侧的曲线都表示为下式中的多项式形式[38]:

$$z(x) = \sum_{n=1}^{6} a_n x^{n-\frac{1}{2}} \tag{3.15}$$

由于 11 个设计参数分别描述了翼型前缘、上下峰值位置及尾部的坐标关系,因此将对应设计参数代入上式可以得到以下方程(以上侧曲线为例):

$$
\begin{bmatrix}
1 & 0 & 0 & 0 & 0 & 0 \\
X_{TE}^{\frac{1}{2}} & X_{TE}^{\frac{3}{2}} & X_{TE}^{\frac{5}{2}} & X_{TE}^{\frac{7}{2}} & X_{TE}^{\frac{9}{2}} & X_{TE}^{\frac{11}{2}} \\
X_{up}^{\frac{1}{2}} & X_{up}^{\frac{3}{2}} & X_{up}^{\frac{5}{2}} & X_{up}^{\frac{7}{2}} & X_{up}^{\frac{9}{2}} & X_{up}^{\frac{11}{2}} \\
\frac{1}{2}X_{TE}^{-\frac{1}{2}} & \frac{3}{2}X_{TE}^{\frac{1}{2}} & \frac{5}{2}X_{TE}^{\frac{3}{2}} & \frac{7}{2}X_{TE}^{\frac{5}{2}} & \frac{9}{2}X_{TE}^{\frac{7}{2}} & \frac{11}{2}X_{TE}^{\frac{9}{2}} \\
\frac{1}{2}X_{up}^{-\frac{1}{2}} & \frac{3}{2}X_{up}^{\frac{1}{2}} & \frac{5}{2}X_{up}^{\frac{3}{2}} & \frac{7}{2}X_{up}^{\frac{5}{2}} & \frac{9}{2}X_{up}^{\frac{7}{2}} & \frac{11}{2}X_{up}^{\frac{9}{2}} \\
-\frac{1}{4}X_{up}^{-\frac{3}{2}} & \frac{3}{4}X_{up}^{-\frac{1}{2}} & \frac{15}{4}X_{up}^{\frac{1}{2}} & \frac{35}{4}X_{up}^{\frac{3}{2}} & \frac{53}{4}X_{up}^{\frac{5}{2}} & \frac{99}{4}X_{up}^{\frac{7}{2}}
\end{bmatrix}
\begin{bmatrix}
a_1 \\ a_2 \\ a_3 \\ a_4 \\ a_5 \\ a_6
\end{bmatrix}
=
\begin{bmatrix}
\sqrt{2r_{le}} \\
Z_{TE} + \dfrac{\Delta Z_{TE}}{2} \\
Z_{up} \\
\tan(\alpha_{TE} - \beta_{TE}) \\
0 \\
z_{XXup}
\end{bmatrix}
\tag{3.16}
$$

由该方程可求得上曲线需要的 6 个设计变量,同理,建立下侧曲线的函数关系亦可求得另外 5 个设计参数。

PARSEC 方法对翼型的参数化设计很有效,但是由于其本身的定位,其在其他构型上的参数化应用较为局限,难以进一步推广。

3.1.5　Hicks‐Henne 方法

1978 年,Hicks 和 Henne[72] 在翼型的基曲线上引入摄动函数,函数由多个"鼓包"函数线性叠加得到,不同的权重导致了不同翼型的产生。其表达形式为[38]

$$z(x) = z_{\text{base}}(x) + \sum_{i=1}^{N} a_i \sin^{t_i}\big[\, \pi x^{\ln(0.5)/\ln(x_{\text{Mi}})}\,\big] \tag{3.17}$$

其中,x_{Mi} 为鼓包最高点位置;t_i 为鼓包宽度;a_i 为函数权重。这三个参数均可作为设计变量应用于曲线设计,然而在实际应用中,根据对各参数的关注程度不同,学者们倾向于固定一些参数的取值而利用其他参数进行设计。例如,固定 x_{Mi} 的取值方式为

$$x_{\text{Mi}} = \frac{1}{2}\left[\, 1 - \cos\left(\frac{i\pi}{n+1}\right)\,\right], \quad i = 1, \cdots, n \tag{3.18}$$

对于 t_i 的取值,可以统一取 1[73],即令每个鼓包函数都占据整个设计空间,从而实现各鼓包的全局控制。Masters 等[40]令 t_i 的取值为以下形式:

$$t_i = 2\left(\frac{n-i}{n-1}\right)^3 + 1, \quad i = 1, \cdots, n \tag{3.19}$$

即不同的鼓包有不同的宽度,从而能够实现对曲线局部进行重点修饰。在实际应用中,使用样条方法等很难实现对具有高弯曲性的涡轮叶片等构型进行参数化,此时可使用 Hicks‐Henne 函数作为替代。

3.2　二维参数化建模方法的比较

3.2.1　基函数对比

由以上分析可知,除了 PARSEC 方法是直接对翼型特征进行参数控制的,其

他四种方法本质上都是通过权重因子,将一系列的基函数进行线性组合,最后叠加成翼型形状。相比之下,SVD 方法的基函数较为特殊,每个基函数曲线只是作为前一个基函数曲线的修饰,且每个模态曲线的形状有很大差异,其权重因子随着曲线序号的增加呈指数减小。而 B 样条方法、CST 方法和 Hicks - Henne 方法所采用的基函数更加类似,每个基曲线在样本空间内仅有一个峰值,而峰值位置和影响域的不同决定了它们不同的参数化建模能力。图 3.10 展示并比较了四种方法均采用 6 条基曲线时,各基曲线的分布情况。

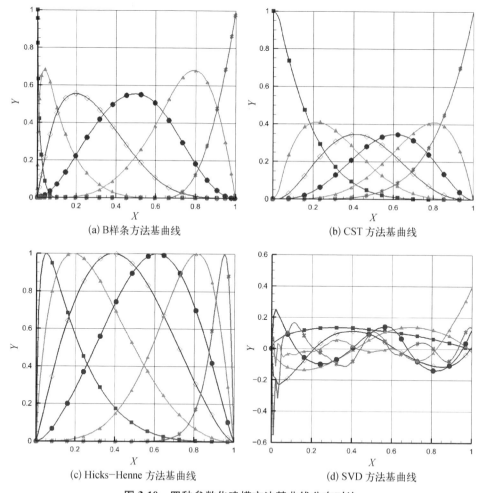

(a) B样条方法基曲线   (b) CST 方法基曲线

(c) Hicks-Henne 方法基曲线   (d) SVD 方法基曲线

图 3.10　四种参数化建模方法基曲线分布对比

由图 3.10 可见,CST 方法的基曲线具有更宽的全局控制能力,每条曲线均可对区间内任意位置产生影响。B 样条方法曲线中间的基曲线具备全局影响能力,而两端的基曲线只能影响其附近一定的区域。Hicks－Henne 方法的基曲线相比之下更加饱满,因此每个曲线权重的变化都会对翼型整体产生较大的影响。另外,相比于前两种方法的两端基曲线峰值出现在端点位置,Hicks－Henne 方法的所有基曲线两端都回归到 X 轴上,因此它对翼型两端的控制只能依赖其采用的原始基曲线形状。SVD 方法的六根基曲线与之前三种有明显差异,不仅纵向取值范围涵盖负值区间,其形状差异也相当明显。

3.2.2　翼型拟合能力对比

除了以上对比,本书还对多种类型翼型曲线进行了参数化拟合,通过比较最优参数化效果条件下设计翼型与原始翼型之间的残差,比较了以上 5 种参数化建模方法的拟合能力。以 NASASC(2)－0414 翼型为例,5 种参数化建模方法对该翼型的拟合均采用 6 个设计变量,最优变量数值均采用优化方法获得,即以设计翼型与原始翼型之间的误差均方值(MSE)为设计目标,通过遗传算法与拟牛顿法相结合的方式对设计变量进行优化,得到使 MSE 最小的设计变量组合。

5 种参数化建模方法对 NASASC(2)－0414 翼型上表面的拟合残差比较如图 3.11 所示。由图 3.11 可知,5 种方法对翼型中部曲线的拟合均能满足文献[226]提出的 10^{-4} 风洞公差要求,但是 PARSEC 方法对翼型头部及 Hicks－Henne 方法对翼型尾部的拟合误差均大于 10^{-4}。整体而言,B 样条方法和 SVD 方法对该翼型的拟合精度最高,且波动较小,CST 方法的拟合精度次之,然后是 Hicks－Henne 方法和 PARSEC 方法。

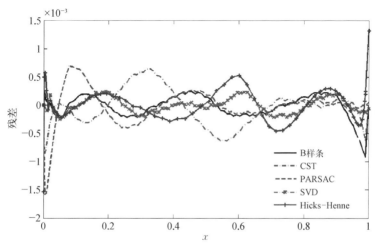

图 3.11　5 种参数化建模方法拟合残差比较

　　为了增加比较的可信性,本节还对其他 9 种翼型进行了类似的参数化拟合比较,每种翼型均来自不同的翼型家族。本节依据每种翼型的拟合精度高低,对各个参数化建模方法进行打分,分值从 5 到 1 依次递减,最终根据 10 种翼型的拟合能力综合得分初步得出翼型拟合能力的排序。样本翼型的名称及拟合比较结果见表 3.2。

表 3.2　5 种参数化建模方法对不同类型翼型拟合能力评分对比表

翼型 ＼ 方法	B 样条	CST	Hicks－Henne	SVD	PARSEC
VAZCAN	3	5	4	2	1
SUPPER	5	1	2	3	4
MS10317	1	3	5	2	4
LS10013	4	1	3	2	5
FX72M15B	5	3	4	1	2
Eppler748	4	3	5	1	2
DAE21	2	3	4	5	1
WILBYC	3	1	5	4	2
NASA SC(2)-0414	4	3	2	5	1
NACA M4	3	2	1	5	4
总　计	34	25	35	30	26

　　从以上 10 个翼型的拟合能力比较中可以发现,B 样条方法和 Hicks－Henne 方法对大多类型的翼型均具有很好的拟合能力,拟合精度最高;其次是 SVD 方法,但是该方法主要对于 NACA 和 NASA 系列的翼型拟合结果较好,对其他翼型拟合能力一般,这主要是由于 SVD 参数化建模方法样本库里的很多翼型均来自 NACA 系列。PARSEC 方法和 CST 方法对以上翼型的拟合能力相对较差。另外,从每行相互之间的比较可以看出,几乎每一种方法均具有拟合能力占优势的翼型,即不同类型翼型的拟合应根据实际情况选择最适合的参数化建模方法,任何参数化建模方法均不能保证对每一类翼型均具有最好的拟合能力。

　　当然,对于参数化建模方法的比较应该更加全面,且涉及多种指标。要得出更加具有一般性的结论,需要对成千上万的翼型进行拟合比较。本节通过对比不同参数化建模方法对特定十种类型翼型的拟合精度,得到了具有一定参考意义的结论,在实际参数化设计中,使用者不应因为任何一种参数化建模方法使用广泛而认为其具有较好性能,而应根据实际问题选择最适合的参数化建模方法。

3.3　三维参数化建模方法

3.3.1　三维 CST 方法

三维 CST 参数化建模方法是对二维方法的扩充。该方法同样将空间曲面表示为类函数和形函数两部分。首先设 η 为 X 方向上的归一化坐标,即 $\eta \in [0, 1]$,则 Y 方向上坐标与 η 的关系式可表示为

$$Y(\eta) = C_{L_2}^{L_1}(\eta) \sum_{k=0}^{l} b_k B_t^k(\eta) \tag{3.20}$$

其中,L_1 和 L_2 为类函数设计变量;l 为二维形函数设计阶数;b_k 为第 k 阶形函数设计变量。同样对得到的 Y 方向坐标进行归一化处理得到归一化坐标 ψ。由于 $Y(\eta) \geqslant 0$,故该关系式可表达为

$$\psi = \frac{Y(\eta)}{\max[Y(\eta)]} \tag{3.21}$$

η 和 ψ 限定了构型在 X-Y 平面内的投影形状,参照二维 CST 方法,曲面在 Z 方向上的坐标可表示为这两个参数的函数关系,即

$$Z(\psi, \eta) = C_{N_2}^{N_1}(\psi) C_{M_2}^{M_1}(\eta) \sum_{i=0}^{n} \sum_{j=0}^{m} b_{i,j} B_n^i(\psi) B_m^j(\eta) + \Delta \varsigma_{M,N}(\psi, \eta) |_{\text{upp, low}} \tag{3.22}$$

其中,N_1、N_2 和 M_1、M_2 为类函数设计变量;m 和 n 为两个维度方向的设计阶数;$b_{i,j}$ 为形函数设计变量;$\Delta \varsigma_{M,N}(\psi, \eta) |_{\text{upp, low}}$ 为调节曲面在 Z 方向偏移距离的参量,同样可以用 CST 方法进行表示,具体可参见文献[33]。式(3.22)中法向坐标在 X 和 Y 方向上分别采用了 n 阶和 m 阶 Bernstein 多项式作为形状函数,加上式(3.20)中的形状函数设计变量,仅形状函数就有 $l + m \times n$ 个设计变量,类函数设计变量有 6 个,这些还不包括 $\Delta \varsigma_{M,N}(\psi, \eta) |_{\text{upp, low}}$ 中额外增加的设计变量。在设计过程中,需要根据目标构型对特定设计变量进行赋值,仅选取特征参数进行设计和优化,从而节约设计成本。三个方向上的归一化坐标只需乘以相应方向的实际设计尺度即可得到实际目标构型。该设计方法可在没有参考基础的情况下"捏造"出新的构型。

另外,通过将式(3.20)和式(3.22)中的 Bernstein 关系式改变为其他控制函数,可对应得到其他三维控制方法。例如将 B 样条函数作为替代函数,则可得到三维 B 样条参数化建模方法,该方法已经广泛应用于各类三维造型软件中。

3.3.2 FFD 方法

在涉及三维飞行器曲面的设计中,自由网格变形(FFD)方法得到了非常广泛的应用。FFD 方法是一种使用 Bernstein 函数进行坐标映射的方法。将初始构型坐标嵌入笛卡儿坐标系中的六面体方格阵,方格的各个节点即控制点,其坐标即为设计变量,通过控制点坐标的改变使得映射后的设计对象构型发生变化。设计对象的坐标为 (x, y, z),嵌入在 $(l+1)(m+1)(n+1)$ 个控制点的方格阵中,控制点坐标可表示为

$$Q_{i,j,k} = \frac{i}{l}X + \frac{j}{m}Y + \frac{k}{n}Z, \quad i = 0, 1, \cdots, l; j = 0, 1, \cdots, m; k = 0, 1, \cdots, n$$

$$(3.23)$$

为了便于统一,这里均采用归一化坐标。将控制点的坐标进行调整,则可将其变化映射到目标点坐标,从而实现目标变形,映射关系为

$$P_{\text{ffd}} = \sum_{i=0}^{l} \sum_{j=0}^{m} \sum_{k=0}^{n} B_{i,l}(x) B_{j,m}(y) B_{k,n}(z) Q_{i,j,k} \tag{3.24}$$

其中,

$$B_{i,l}(x) = \frac{l!}{i!(l-1)!} x^i (1-x)^{l-i}$$

$$B_{j,m}(y) = \frac{m!}{j!(m-1)!} y^j (1-y)^{m-j}$$

$$B_{k,n}(z) = \frac{n!}{k!(n-1)!} z^k (1-z)^{n-k} \tag{3.25}$$

即每个方向上的映射均按照 Bernstein 函数关系。由于控制点最初设定在方格阵节点上,这时对应的三维待变换空间点坐标位于初始位置,当 $Q_{i,j,k}$ 发生改变时,对应 P_{ffd} 也相应发生改变,即待变换的空间曲面或网格点阵发生形状变换。

FFD 方法所完成的是一种从实际空间到参数空间再到变形空间的映射,它具有以下优势:

(1) 使几何外形参数化达到机器精度;

（2）能够通过简单的设计变量操作复杂的几何外形；

（3）每个 FFD 控制体都能够进行局部或者全局的变形。

当前，FFD 的发展已经非常成熟，斯坦福大学发展的开源 CFD 求解优化软件就将 FFD 方法作为一个模块应用于各类构型的气动外形优化设计[79,227]。该方法不仅可以应用于飞行器部件的设计，还能应用于整机的直接设计，并且通过特定的约束，可以进行多部件协作设计优化，从而对复杂飞行器构型进行设计。

相比之下，三维 CST 方法和三维 B 样条方法都是在没有构型基础的情况下直接生成设计构型，设计变量对外形的控制更加直接。而 FFD 方法则是在已有构型的基础上通过控制参数的位置改变间接改变构型形状。因此，三维 CST 方法和三维 B 样条方法更适用于概念设计阶段产生和分析初始新概念构型，而FFD 方法则更适用于对已有构型的进一步雕琢和优化。

3.3.3　FFD 方法应用实例

3.3.3.1　FFD 方法对航天飞机外形的控制

图 2.21 展示了航天飞机等缩比模型，该模型包含机身、机翼和翼尖小翼等特征部件。本节将该构型进行 FFD 参数化控制，展现该方法对复杂飞行器构型的控制能力。

取 $l=4$，$m=3$，$n=3$，将构型嵌入到一个 $5×4×4$ 的网格阵中，从而形成了 80 个控制点，每个控制点的坐标都是设计参数，因此设计参数共 240 个。构型及FFD 设计网格点分布如图 3.12（a）所示，可见三个方向上控制点的坐标极值均为模型的坐标极值，因此按照方程，每个边缘处的控制点对应坐标变化能够直接反映出构型对应坐标方向上的极值变化。图中每个网格点都进行了编号，可见编号为 65~80 的控制点位于 x 方向最后一个切面上，因此这 16 个点的横坐标变化能够直接对构型进行 x 方向上的拉伸或收缩。如图 3.12（b）所示，以上 16 个控制点的 x 坐标向后增大了 50%，因此构型后部对应向后拉伸，使得整个构型表现出机身更长、机翼后掠角更大等特征。相应地，通过将以上控制点的 y 坐标进行左右拉伸，构型的翼展变大，呈现出更大的机翼形状和更宽的机身，同时后掠角变小，如图 3.12（c）所示。将以上控制点的 z 坐标进行上下拉伸，则构型展现出尾端膨胀的变化，如图 3.12（d）所示。

图 3.12 中四幅图仅展示了 16 个点的坐标在三个方向上同步变化展现的构型变化。实际设计过程中，每一个单独点的任意方向坐标都会使机身产生相应的变化，此处不进一步展示。此例展现了 FFD 参数化建模方法在复杂飞行器设

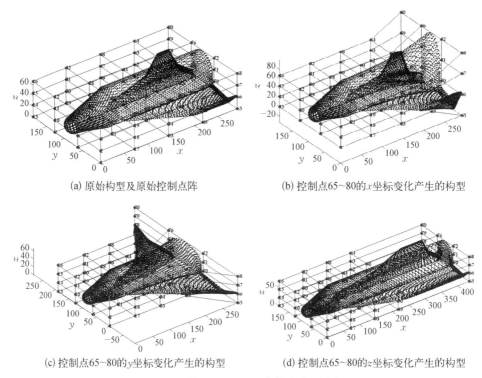

(a) 原始构型及原始控制点阵   (b) 控制点65~80的x坐标变化产生的构型

(c) 控制点65~80的y坐标变化产生的构型   (d) 控制点65~80的z坐标变化产生的构型

图3.12　航天飞机FFD参数化变形实例

计领域的有效性和应用潜力。

3.3.3.2　FFD方法对CFD流场网格的变形

对于数值仿真过程,网格划分往往要花费相当长的时间和精力,因此对于基于数值仿真的优化问题,不断对各个样本构型进行流场网格划分将是一个非常庞大的任务。FFD方法在对构型本身进行参数化变形的同时还能对其周围空间点进行同样规则的移位,并且空间点之间的相对位置不会发生改变。因此,对于已知的流场网格,FFD方法可以同时改变物面形状和对应网格的空间拓扑,使得在优化过程中不需要进行重复的网格划分。

以NACA0012翼型为例,图3.13(a)展示了其周边的流场网格变形情况。翼型表面网格点为60,法向网格朝向翼型表面加密。将该二维翼型嵌入5×4的FFD网格中,形成了20个控制点,通过控制各点的横坐标和纵坐标,即可对翼型进行变形,同时翼型周边流场计算网格也随之发生变化。在理论上,网格正交性和壁面加密程度将不会发生较大变化,且不会出现负体积网格,因此可直接用于数值计算。图3.13(b)展示了改变控制点5~16的纵坐标后翼型及其周边网格发生的变化。可见原来的 NACA0012 翼型变形后已经不再是一个典型的 NACA 四位数翼型,下表面曲线变成 S 形。因此,FFD 方法降维后也可以当作一个可行的二维参数化建模方法进行使用。

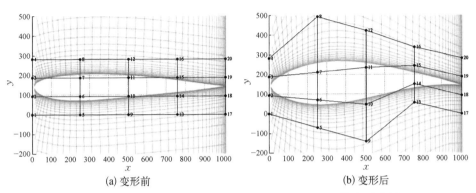

(a) 变形前　　　　　　　　　　　　　　(b) 变形后

图 3.13　FFD 方法对 NACA0012 翼型及周边流场网格变形实例

利用 FFD 参数化建模方法,可将构型的参数化过程与数值网格划分结合在一起,对于总体设计而言,能够大大提高优化效率。

3.3.3.3　基于 FFD 方法的高超声速导弹外形设计

常规火箭或导弹的弹体一般采用细长旋转体构型。针对该外形特点,首先将圆头旋转体作为基准外形,如图 3.14 所示。该构型圆柱部分长度为 1 150 mm,锥台长度为 570 mm,最大直径为 200 mm,球头半径为 50 mm,锥角度数为 4.27°。即该构型长细比为 $\lambda = 10.28$,而统计数据显示常规弹道导弹的长细比为 8~14,而飞航导弹的长细比为 9~15,因此该基础构型的长细比为合理值。

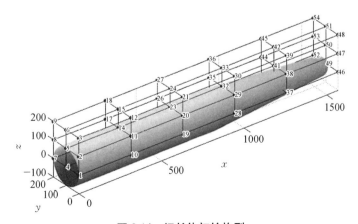

图 3.14　细长体初始构型

将该构型的一半镶嵌在 3×3×6 的网格阵列中,通过对每一个控制点进行编号定向控制各个控制点的坐标。该对象为对称构型,因此模型的另一半通过镜像即可获得。在理论上,该模型可通过 162 个变量进行控制,但是由于设计变量过多必将不利于优化过程,因此针对预想构型的特定形态可将某些控制点的坐标保持不变。例如,设想构型为尖头,则点 46~54 的坐标应相同。若不期望改变构型长度,则点 1~9 和 46~54 的横坐标则保持不变,以此类推。本节选取 7 个设计变量,分别为点 23、24、32、33 的法向坐标和点 28、29、31 的纵向坐标,具体表示如下:

$$\xi = \big[\, P(23, 3),\ P(24, 3),\ P(32, 3),\ P(33, 3),$$
$$P(28, 2),\ P(29, 2),\ P(31, 2)\,\big]$$

该选取方法只在本节中作为案例使用,并非最优选取准则。图 3.15 展现了控制以上坐标位置后造成的构型变化。

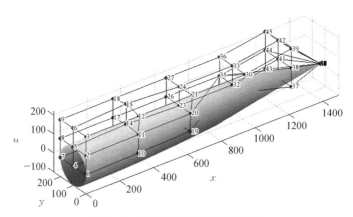

图 3.15　细长体 FFD 变形后构型

为了避免构型发生过大的畸变,对变量取值范围进行约束,约束范围如下:

$$Lb \leqslant \xi \leqslant Ub$$

其中,

$$Lb = \big[\,1.0,\ 0.5,\ 1.0,\ 0.5,\ 0.01,\ 0.01,\ 0.5\,\big]$$

$$Ub = \big[\,2.0,\ 1.5,\ 1.5,\ 1.0,\ 1.0,\ 1.0,\ 1.0\,\big]$$

采用第 2.2 节中的工程估算方法对构型气动性能进行计算。本例中构型计算来流条件为海拔 25 km 处的大气条件,马赫数为 6。本例旨在对该构型进行优化,优化目标是高超声速条件下攻角为 0 时的构型升阻比。

采用遗传算法对设计变量进行优化,得到约束范围内的最优构型及其表面压力系数分布,如图 3.16 所示,可见该构型头部已经从旋转体变为扁头构型,下表面的凹陷曲面使得构型能够将高压流约束在下表面,从而使构型升力增大。优化所得设计变量和构型 0 攻角升阻比分别为

$$\xi = \begin{bmatrix} 1.00, \ 0.50, \ 1.00, \ 0.50, \ 1.00, \ 1.00, \ 1.00 \end{bmatrix}$$
$$L/D = 1.47 \quad (\alpha = 0)$$

图 3.17 比较了优化前后构型升阻比随攻角的变化关系。由图可见,优化后的构型在 20° 以内攻角条件下的升阻比均显著大于原始构型,并且其相比于原始构型,最大升阻比出现时的攻角更小。

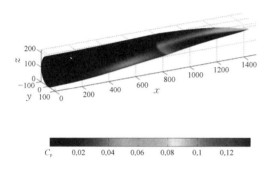

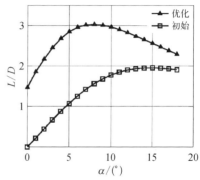

图 3.16　优化后弹体表面压力系数分布　　图 3.17　优化前后构型升阻比曲线对比

本例作为 FFD 方法在构型优化问题中的应用实例展示了高超声速导弹的外形优化过程。由于篇幅原因,这里对构型的具体优化细节不做具体介绍,后续章节中将利用该方法进行更加复杂问题的优化。总体而言,本例展现出了 FFD 参数化建模方法应用于构型设计和优化的巨大潜力。

3.4　小结

本章介绍并展示了 5 种二维参数化建模方法在翼型设计领域的应用,并且比较了它们的曲线拟合能力及翼型参数化设计精度,发现 CST 方法、B 样条方法和 Hicks – Henne 方法利用相似的曲线加权组合方式叠加出翼型形状,CST 方法

的全局控制能力较强,B 样条方法的局部修型能力较强,而相比之下 Hicks – Henne 方法所有曲线两端加权和为 0,因此在翼型两端必须依赖基准构型形状。通过对十类翼型拟合效果的对比发现,每一种方法都具有拟合能力占优势的翼型类型,翼型拟合和设计过程应根据实际情况选择最合适的参数化建模方法。另外,大多数方法在翼型头尾两端展现出最差的拟合精度,需要在方法改进工作中着重注意。

本章还展示了两类三维参数化建模方法,并且介绍了 FFD 方法在实际问题中的应用,结果表明,采用 FFD 方法,参数化变形和数值仿真中的网格划分可以同时进行,从而提高设计效率。另外,通过基于 FFD 方法的导弹外形优化,展示了该方法在工程优化中的应用潜力。

第4章

RBCC 发动机热力学模型建立与分析

    RBCC 发动机是理想的组合动力飞行器推进系统,其工作范围可覆盖低速、跨声速、超声速和高超声速。虽然 RBCC 发动机的研究已经有六十余年历史,各种技术屏障的存在仍然使其不能投入实际应用中。而如今,随着超燃冲压发动机技术及模态转换技术的突破,高超声速飞行器的动力问题已经取得巨大进展,RBCC 发动机的发展前景变得更加明朗。因此,本书设想以 RBCC 发动机作为组合动力飞行器的动力系统。本章建立了一个理想的 RBCC 发动机模型,该模型可在引射模态、冲压模态、超燃冲压模态及纯火箭模态下工作。通过对比其他公开程序的计算结果,验证了该程序的可行性和准确性,为组合动力飞行器的多学科设计优化提供动力系统估算模型。

4.1 RBCC 发动机理想模型

    本章建立了 RBCC 发动机的理想模型。为了尽量减少三维效应对发动机性能的影响,该模型被设计为矩形截面发动机构型,其纵截面的二维示意图如图 4.1 所示。图中同时展示了划分发动机各部件的分界线,以支撑后续分析研究。

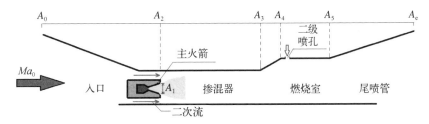

图 4.1　RBCC 发动机纵截面二维示意图

图 4.1 表明,该模型由四部分组成,分别为发动机进气道、混合室、燃烧室和尾喷管,每部分都被视为独立的控制体。发动机的进气道尾部安装支板,支板内部安装引射火箭。图中截面 0~5 依次代表进气道入口、引射火箭出口、混合室入口、混合室出口、燃烧室入口和燃烧室出口,截面 e 代表尾喷管出口,下文将直接以截面代号作为参数下标。

发动机中的引射火箭在引射模态下能正常工作产生一次流,并利用一次流与环境的压力差将外部气体引射进入发动机内部形成二次流。在纯火箭模态下,该火箭还能独立工作为发动机提供唯一推力来源。混合室被认为是一段具有足够长度的管道,以此保证引射模态下一次流与二次流能充分混合。混合室后由一段膨胀段连接燃烧室,膨胀段的存在是为了在亚燃工作条件下让混合室中的流体减速降温后进入燃烧室。燃烧室中的二次喷注装置向燃烧室内横向喷注燃料,从而消耗二次流中携带的氧气,并在各吸气模态条件下产生推力。尾喷管是一个单边扩张喷管。由于在超燃冲压模态下物理喉部的出现不利于流道内超声速流的加速,因此该喷管为无物理喉道的纯扩张喷管[228,229]。在亚燃工作条件下(引射模态和冲压模态),通过控制燃料喷注和流道中的释热分布可以使流体在尾喷管入口处形成热力拥塞,从而形成热力学喉道,达到尾喷管流场加速的目的[230,231]。

在当前的研究中,RBCC 发动机分别采用液氧和液氢作为氧化剂和燃料。引射火箭的工作性能由膨胀比和火箭燃烧室条件决定。二次流从自由来流到混合室的总压损失由文献[232]中的经验公式确定。假设一次流是完全反应气体,且它能与二次流在混合室内混合完全,发动机内的每个部分足够长,各个分界截面的面积为决定发动机性能的唯一几何设计参数。在引射模态下,发动机工作在先混合后燃烧(DAB)的理想工作条件下,燃烧室内的二次燃料喷注量与二次流的质量流量密切相关。

为了模拟来流条件,采用美国 1976 标准大气条件作为大气模型[233],该模型已经在国际上受到广泛认可。在该模型中,发动机内壁对流场的摩擦阻力忽略不计,发动机内部的气体全部假设为理想绝热流。混合和燃烧过程均理想且充分。在冲压和超燃冲压工作模式下,进气道外部的斜坡促使在发动机前方产生一道斜激波。流道的几何构型在纯火箭模态以外的所有工作模式下保持不变,而纯火箭模态下发动机进气道关闭。

RBCC 发动机的设想任务是作为组合动力飞行器的推进系统,该飞行器将在跨声速条件下被运输机抛射,因此发动机的初始工作条件已知。将马赫数 3

设为发动机引射-冲压模态转换边界,马赫数 6 为冲压-超燃冲压模态转换边界。当马赫数大于 10 时,进气道关闭,发动机在纯火箭模态下工作。

4.2　RBCC 发动机性能分析

为了更加清楚地阐述发动机的热力学分析方程,首先简要回顾一维等熵流理论。由于流场为理想气体,所以在发动机中所有部分的气体均满足理想气体状态方程:

$$p = \rho R T \tag{4.1}$$

其中,p、ρ、T 分别为理想气体的压力、密度和温度;R 为气体常数,其定义为 $R = R_0/\mu$,其中 $R_0 = 8\,314\,\text{J}/(\text{kmol} \cdot \text{K})$,代表普适气体常数,而 μ 是特定气体的摩尔质量。理想气体比热比的定义为 $\gamma = c_p/c_v$,其中 c_p 和 c_v 分别是等压比热和等容比热,两者满足方程 $c_p = c_v + R$。

马赫数是速度与当地声速的比值,速度系数 λ 与马赫数的关系如下:

$$\lambda = \sqrt{\frac{\gamma + 1}{2}Ma^2 \Big/ \left(1 + \frac{\gamma - 1}{2}Ma^2\right)} \tag{4.2}$$

由此可获得一维等熵流关系式[234](下式及后文中压力、密度和温度的下标 t 代表变量为滞止变量):

$$\begin{cases} \pi(\lambda,\gamma) = \dfrac{p}{p_t} = \left(1 - \dfrac{\gamma - 1}{\gamma + 1}\lambda^2\right)^{\frac{\gamma}{\gamma - 1}} \\[3mm] \tau(\lambda,\gamma) = \dfrac{T}{T_t} = 1 - \dfrac{\gamma - 1}{\gamma + 1}\lambda^2 \\[3mm] \varepsilon(\lambda,\gamma) = \dfrac{\rho}{\rho_t} = \left(1 - \dfrac{\gamma - 1}{\gamma + 1}\lambda^2\right)^{\frac{1}{\gamma - 1}} \end{cases} \tag{4.3}$$

这些方程同时满足以下关系式:

$$\frac{T}{T_t} = \left(\frac{P}{P_t}\right)^{\frac{\gamma - 1}{\gamma}} = \left(\frac{\rho}{\rho_t}\right)^{\gamma - 1} \tag{4.4}$$

下文分析中还将用到以下关系式[235]:

$$
\begin{cases}
q(\lambda,\gamma) = \left(\dfrac{\gamma+1}{2}\right)^{\frac{1}{\gamma-1}} \lambda\varepsilon(\lambda,\gamma) \\[3mm]
Z(\lambda) = \lambda + 1/\lambda \\[3mm]
C(R,\gamma) = \left(\dfrac{2}{\gamma+1}\right)^{\frac{\gamma+1}{2(\gamma-1)}} \left(\dfrac{\gamma}{R}\right)^{\frac{1}{2}}
\end{cases}
\tag{4.5}
$$

4.2.1　引射模态

在引射模态下，引射火箭产生一次流并将环境中的空气引射进入流道，从而为发动机燃烧室中的燃烧反应提供氧化剂。引射火箭的燃烧室压力为 p_{jc}，温度为 T_{jc}，它们可根据设计需求确定（近似认为燃烧室内气体参数静值与滞止值相等）。引射火箭的喉部面积及出口面积分别定义为 A_{jt} 和 A_1。根据一维等熵流理论，后续公式可用于计算引射火箭的性能。首先，一次流在火箭喉部的速度系数为 $\lambda_{jt}=1$，比热比 γ_j 和引射火箭内气体常数 R_j 可根据燃气组分和温度确定。因此火箭喉部质量流量可通过下式获得：

$$
\dot{m}_1 = C(R_j,\gamma_j)\frac{p_{jc}A_{jt}q(1,\gamma_j)}{\sqrt{T_{jc}}}
\tag{4.6}
$$

其中，下标 j 表示引射火箭；jc 表示引射火箭燃烧室；jt 表示引射火箭喉部。

根据质量守恒方程，引射火箭出口的质量流量等于喉部质量流量，因此可计算得到 $q(\lambda_1,\gamma_j)$，这意味着引射火箭出口的速度系数（λ_1）及静压、静温和密度也可得到。火箭尾流进入发动机混合室并继续膨胀直至其压力与二次流压力相匹配。与此同时，亚声速的二次流在混合室中加速并在其压力与一次流压力匹配时产生拥塞。这被定义为第二临界状态。该状态下一次流和二次流的匹配压力均可获得，二次流的质量系数 m_2 及其他状态参数也可以得到。

一次流最小压力出现在一次流占据整个混合室流道的情况下。该临界条件下的临界压力定义为 p_1^*，可通过下式获得：

$$
p_1^* = p_{jc}^*\pi(\lambda_1^*,\gamma_1)
\tag{4.7}
$$

其中，λ_1^* 满足以下条件：

$$
q(\lambda_1^*,\gamma_1)\cdot(A_1+A_2) = q(\lambda_1,\gamma_1)\cdot A_1
\tag{4.8}
$$

类似地，二次流占满整个流道的压力临界值 p_2^* 也可以计算得到。

由于以上介绍的第二临界状态并非一直会出现,本书考虑了 4 种压力匹配过程中可能出现的状态。这些状态的出现依赖于流场条件和引射火箭工作条件。

(1) 纯火箭状态。当 $p_2^* < p_1^*$ 时,一次流会一直膨胀直至占据整个混合段,二次流无法进入发动机流道。此时引射系数为 0,发动机的作用完全依赖引射火箭。这类似于第 4.2.4 节中介绍的纯火箭模态。该状态的出现是由于引射火箭压力过大或者发动机在空气稀薄的高海拔条件下工作。

(2) 第二临界状态。当 $p_1^* < p_2^* \leqslant p_1$ 时,二次流的拥塞发生在一次流膨胀的过程中。一次流在混合室中继续膨胀,同时,二次流在混合室中压缩直至在压力达到 p_2^* 时发生拥塞。该压力也是两股流动的匹配压力。

(3) 第一临界状态。当 $p_1 \leqslant p_2^* < p_{t1}$ 时,由于二次流的压力高于引射火箭尾流,因此一次流在混合室中不能继续膨胀。在这种条件下,假设二次流在第 2 截面处发生拥塞并在混合室中膨胀,直至其压力与一次流匹配。这种条件一般发生在飞行速度较高或者空气稠密的低海拔情况下。

(4) 火箭关闭状态。当二次流的压力过大导致一次流不能喷出引射火箭喷管时,二次流将成为流道中唯一的气体。这种条件只有在火箭室压过小的条件下才可能发生,而实际情况下可以设计合理的引射火箭工作条件来避免该状态的发生。

假设一次流与二次流在混合室出口能够完全混合,则混合后的气体具备以下特征[235,236]:

$$
\begin{cases}
\dot{m}_3 = \dot{m}_1 + \dot{m}_2 \\[2mm]
c_{p3} = \dfrac{c_{p1} + n_e c_{p2}}{1 + n_e} \\[2mm]
R_3 = \dfrac{R_1 + n_e R_2}{1 + n_e} \\[2mm]
\gamma_3 = \gamma_2 \dfrac{1 + n_e c}{\dfrac{\gamma_2}{\gamma_1} + n_e c}
\end{cases}
\tag{4.9}
$$

其中, n_e 是引射系数,定义为 $n_e = \dot{m}_2 / \dot{m}_1$; c 的定义为 $c = c_{p2} / c_{p1}$ 。

通过能量守恒方程:

$$
\dot{m}_1 c_{p1} T_{jc} + \dot{m}_2 c_{p2} T_{t2} = \dot{m}_3 c_{p3} T_{t3}
\tag{4.10}
$$

可以得到混合气流的总温与一次流总温的比值:

$$\frac{T_{t3}}{T_{jc}} = \frac{1 + n_e c\theta}{1 + n_e c} \tag{4.11}$$

其中, θ 的定义为 $\theta = T_{t2}/T_{jc}$。

混合室内动量守恒方程为

$$\dot{m}_3 V_3 - (\dot{m}_1 V_1 + \dot{m}_2 V_2) = p_1 A_1 + p_2 A_2 - p_3 A_3 + \int_{A_1 + A_2}^{A_3} p_w \mathrm{d}A \tag{4.12}$$

其中, $\int_{A_1 + A_2}^{A_3} p_w \mathrm{d}A$ 是沿混合室壁面的压力积分。

假设压力在混合过程中不变,则可得到以下方程:

$$\dot{m}_3 V_3 = \dot{m}_1 V_1 + \dot{m}_2 V_2 \tag{4.13}$$

该方程可以转换为以下形式:

$$\lambda_3 (1 + n_e) \sqrt{\frac{2\gamma_3}{\gamma_3 + 1} R_3} \cdot \sqrt{\frac{1 + n_e c\theta}{1 + n_e c}} = \lambda_1 \sqrt{\frac{2\gamma_1}{\gamma_1 + 1} R_1} + n_e \lambda_2 \sqrt{\frac{2\gamma_2}{\gamma_2 + 1} R_2} \sqrt{\theta} \tag{4.14}$$

通过该方程,可以得到混合室出口处的速度系数。

根据质量守恒方程 $\dot{m}_3 = (1 + n_e) \dot{m}_1$,可以得到以下方程:

$$C(R_3, \gamma_3) p_{t3} q(\lambda_3, \gamma_3) = (1 + n_e) C(R_1, \gamma_1) p_{t1} q(\lambda_1, \gamma_1) \cdot \sqrt{\frac{1 + n_e c\theta}{1 + n_e c}} \cdot \frac{A_1}{A_3} \tag{4.15}$$

从而得到以下总压比关系:

$$\overline{p_{t3}} = \frac{p_{t3}}{p_{t2}} = \frac{C(R_1, \gamma_1) q(\lambda_1, \gamma_1)}{C(R_3, \gamma_3) q(\lambda_3, \gamma_3)} \cdot (n_e + 1) \cdot \sqrt{\frac{1 + n_e c\theta}{1 + n_e c}} \cdot \frac{A_1}{A_3} \tag{4.16}$$

如果混合后的流场为超声速,它将在扩张段中膨胀并在经过一道正激波后转为亚声速流。膨胀过程中正激波前后及膨胀过程的总压恢复系数分别定义为 σ_{shock} 和 σ_{sub},可根据质量流率相等获得以下方程:

$$q(\lambda_4, \gamma_4) = \frac{q(\lambda_3, \gamma_3)}{\sigma_{\text{shock}}(\lambda_3, \gamma_3) \sigma_{\text{sub}} \psi} \tag{4.17}$$

其中，ψ 是膨胀比。λ_4 可以通过该方程计算得到，p_4、p_{t4} 和 T_4 也可由此得到。

膨胀过程之后，亚声速流进入燃烧室并在此发生等体积燃烧。为了消耗进入燃烧室混合气体中的氧气，采用横向射流的方式向燃烧室中喷注燃料。由于相比于主流，二次流的质量流量较小，假设燃烧后的流体比热比与燃烧前相同。燃料与空气质量比值定义为 f，它通常由化学计量质量比进行量化。燃料当量比定义为 $\Phi = f/f_{st}$。燃料的焓值定义为 h_f，定压比热为 c_{pf}。通过以下能量守恒方程可以计算控制体内的热流量：

$$\eta_c \dot{m}_f h_f = \dot{m}_3 (h_{t5} - h_{t4}) + \dot{m}_f h_{t5} \tag{4.18}$$

该方程中 η_c 代表燃烧效率。二次喷注的燃料质量流量可由 $\dot{m}_f = \dot{m}_2 f_{st} \Phi$ 得到，总焓与总温之间的关系为 $h_t = c_p T_t$。燃烧发生后的总温为

$$T_{t5} \approx \frac{\dot{m}_3}{\dot{m}_3 + \dot{m}_f} T_{t4} + \frac{\dot{m}_f h_f \eta_c}{(\dot{m}_3 + \dot{m}_f) c_{p4}} \tag{4.19}$$

其中，

$$c_{p4} = \frac{(1 + n_e) c_{p3} + n_e f_{st} \Phi c_{pf}}{1 + n_e + n_e f_{st} \Phi} \tag{4.20}$$

由于发动机喷管没有物理喉道，假设燃烧后的流体在扩张喷管入口处发生拥塞。在此条件下，燃烧室出口马赫数 Ma_5 等于 1，总温增量 ΔT_c 可以通过以下方程获得[100,125]：

$$\Delta T_c = T_{t5} - T_{t4} \tag{4.21}$$

燃烧室出入口总温比值为

$$\frac{T_{t5}}{T_{t4}} = \frac{Ma_5^2 (1 + \gamma_4 Ma_4^2)^2}{Ma_4^2 (1 + \gamma_5 Ma_5^2)^2} \frac{1 + \dfrac{\gamma_4 - 1}{2} Ma_4^2}{1 + \dfrac{\gamma_5 - 1}{2} Ma_5^2} \tag{4.22}$$

这决定了燃烧室内的最大允许热增量。γ_5 的值可以根据燃烧产物的组分获得。静压和总压则根据马赫数关系进行计算：

$$p_5 = p_4 \frac{1 + \gamma_4 Ma_4^2}{1 + \gamma_5 Ma_5^2} \tag{4.23}$$

燃烧后的气体进入喷管并进行一维等熵加速过程。出口马赫数可由下式得到[100]：

$$\frac{\{1 + [(\gamma_5 - 1)/2]Ma_e^2\}^{(\gamma_5+1)/(\gamma_5-1)}}{Ma_e^2} = \psi_d^2 \frac{\{1 + [(\gamma_5 - 1)/2]Ma_t^2\}^{(\gamma_5+1)/(\gamma_5-1)}}{Ma_t^2}$$

(4.24)

其中喉部马赫数 Ma_t 等于 1，ψ_d 是喷管的膨胀比。由于该过程中的总压和总温保持不变，则可得到出口处的温度和压力。

然而如果膨胀比过大，则可能发生过膨胀的现象。假设喷管出口的压力等于环境压力，则可计算有效出口面积 $A_{e,\,eff}$ 及该处的状态参数。喷管中未膨胀的区域压力则等于环境压力。

通过以上分析得到了发动机不同截面处的参数，通过以下方程可以计算发动机性能。

推力方程为

$$F_T = \dot{m}_e V_e - \dot{m}_0 V_0 + (p_e - p_0)A_{e,\,eff}$$

(4.25)

根据图 4.1，此方程中下标 0 代表入口处，e 代表出口处。发动机的总推进剂喷注量为

$$\dot{m}_{f,\,t} = \dot{m}_1 + \dot{m}_f$$

(4.26)

发动机的比冲为

$$I_{sp} = \frac{F_T}{\dot{m}_{f,\,t} g}$$

(4.27)

4.2.2　冲压模态

在冲压模态下，发动机的推力仍然可由方程(4.25)得到。而不同于引射模态的是，发动机中不再有一次流，自由来流在经过一系列激波串后进入发动机。假设发动机前的进气道前体为一个斜坡，在超声速条件下产生一道斜激波并对空气进行压缩。激波后的流场条件可根据飞行条件及攻角得到。在进气道喉部产生一道正激波，超声速来流减速为亚声速。因此，根据激波关系式可得波后流场条件及进入发动机气体的质量流量。假设来流在进入发动机燃烧室之前经历了一系列压缩和膨胀过程。通过考虑发动机的入口面积及燃烧室入口面积，并且假设气体为一维等熵流，则可得到发动机燃烧室入口的流场条件。假设冲压

模态下燃烧室的燃烧过程与第 4.2.1 节中描述的过程相似,并且在燃烧室出口产生热力拥塞。喷管中的膨胀过程亦可通过方程(4.24)计算得到,因此可以得到冲压模态下的发动机性能。

4.2.3 超燃冲压模态

为了预测超燃冲压模态下进入发动机燃烧室的流场条件,认为在发动机进气道前产生一道斜激波,并且激波后的流场在隔离段内经历一定的总压损失。总压恢复系数是自由来流马赫数的函数,可参考文献[124]。根据方程(4.22),燃烧室出口马赫数可以通过以下方程得到[100]:

$$
\frac{Ma_5^2\left[1 + \frac{1}{2}(\gamma_5 - 1)Ma_5^2\right]}{(\gamma_5 Ma_5^2 + 1)^2} = \frac{Ma_4^2\left[1 + \frac{1}{2}(\gamma_4 - 1)Ma_4^2\right]}{(\gamma_4 Ma_4^2 + 1)^2} + \frac{Ma_4^2}{(\gamma_4 Ma_4^2 + 1)^2}\frac{\Delta T_c}{T_4}
$$

$$(4.28)$$

燃烧室总温增量 ΔT_c 可以通过燃烧室控制体内(图 4.1 中截面 4 与 5 之间)的焓通量关系进行计算。由方程(4.18)可得以下方程:

$$
\eta_c \dot{m}_f h_f = \dot{m}_a c_p \Delta T_c + \dot{m}_f c_p T_{t4} \tag{4.29}
$$

其中, $\dot{m}_f$ 的定义为 $\dot{m}_f = \Phi f_{st} \dot{m}_0$ 。 Φ 可以根据任务需求进行控制,它会影响发动机的质量流率和性能。然而,在根据自由来流条件确定进入发动机的流场条件以后,根据方程(4.28)可以计算出总温增量的最大值 ΔT_c 。这个最大值出现在燃烧室出口马赫数为 1 的条件下。在本章中,首先定义一个确定的 Φ 值,用来计算 ΔT_c 及燃烧室的性能。如果 ΔT_c 的值超出理论最大值,则需要减小 Φ 并让燃烧室的出口马赫数等于 1。应用一维扩张流关系式计算喷管出口参数,之后便可根据方程(4.25)和方程(4.27)来计算发动机的推力和比冲。

4.2.4 火箭模态

在飞行马赫数过高的条件下,进入流道的超声速流便很难被点燃,火焰稳定也极其困难。另外,当飞行海拔过高时,环境压力和密度太小,以至于发动机不能捕获足够的气体。因此,超燃冲压发动机的性能将随着马赫数的增加及海拔的增加而大幅下降。在这种条件下,组合循环发动机必须转入火箭模态继续工作。该模态下需要关闭进气道入口并重启引射火箭。该过程中没有二次流,引射火箭成为发动机的唯一推力源。火箭尾气可以在发动机流道中继续膨胀并通

过发动机的尾喷管排出。因此,根据一维等熵流理论可以计算出发动机出口状态参数。火箭性能可根据以下方程进行计算:

$$F_{\mathrm{T}} = \dot{m}_e V_e + (p_e - p_0) A_e \tag{4.30}$$

发动机出口的质量流量与引射火箭出口的质量流量相等,即 $\dot{m}_e = \dot{m}_1$,则比冲关系为

$$I_{\mathrm{sp}} = \frac{F_{\mathrm{T}}}{\dot{m}_1 g} \tag{4.31}$$

4.3 算例验证

本书用 Skye 代号为 RBCC 发动机分析程序命名。为了验证 Skye 的计算性能,采用 NASA 在 NAS7 - 377 合同中提出的 ESJ RBCC 发动机作为分析对象[121],将计算结果与其他程序获得的结果进行了比较。为了清楚地展示该发动机的构型,表 4.1 展示了发动机内部各段的截面面积。Olds 等[124]曾对任务设计的上升弹道曲线及其他设计的参数进行过介绍。

表 4.1　ESJ 发动机各横截面面积[121]　　　　　　　　(单位:m²)

A_0	A_2	A_3	A_4	A_e
2.51	0.77	1.05	2.09	8.83

首先将 Skye 计算得到的 RBCC 发动机引射模态下的比冲和推力随马赫数的变化关系与 SCCREAM[121,124]程序和 Hypro[126]程序所得结果进行对比,如图 4.2 和图 4.3 所示,其中 Hypro 程序未提供推力结果。结果表明在低海拔条件下,Skye 所得的比冲结果及推力结果与另外两个程序所得的结果匹配得很好,而当海拔升高后,Skye 相比另外两个程序对发动机的性能评估结果偏低。这是由于在二次流压力较小的情况下,Skye 与另外两个程序采取的假设不同所导致的。这在第 4.2.1 节中已经进行了介绍和划分。总体而言,比较结果展示了在引射模态下 Skye 能够产生合理的 RBCC 发动机分析结果。

ESJ 发动机在整个飞行过程中,其来流马赫数覆盖 0.6~10,其飞行任务

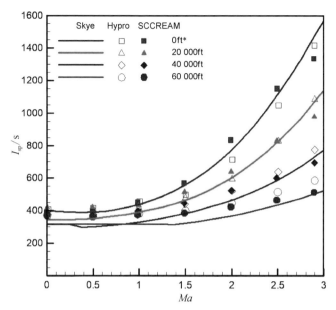

图 4.2　不同程序对 ESJ 发动机引射模态下的比冲预测结果比较

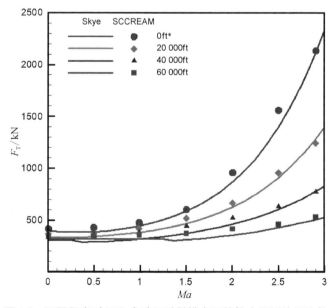

图 4.3　不同程序对 ESJ 发动机引射模态下的推力预测结果比较

---

* 　1 ft = 0.304 8 m。

曲线如图 4.4 所示[124]。该发动机预计在马赫数 0.6~3 的速度范围内处于引射工作模态,在马赫数 3~6 的条件下工作于冲压模态,在马赫数 6~10 的条件下工作于超燃冲压模态。图 4.5 和图 4.6 比较了整个吸气工作条件下发动机的比冲与推力系数曲线。推力系数的定义为 $C_t = \dfrac{\text{Thrust}}{q_0 A_0}$,其中 q_0 是来流的动压。

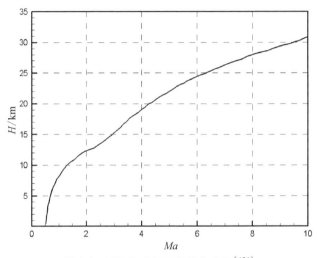

图 4.4　ESJ 发动机飞行任务曲线[124]

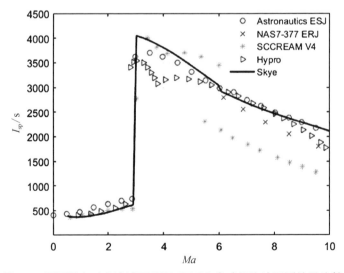

图 4.5　不同程序对宽速域下 ESJ-RBCC 发动机比冲预测结果比较

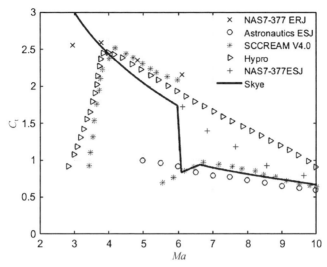

图 4.6　不同程序对宽速域下 ESJ–RBCC 发动机推力系数预测结果比较

　　Skye 所得的比冲结果与大多数其他程序所得的结果匹配良好。然而,在超燃冲压模态下,SCCREAM V4[122] 程序与其他程序相比对比冲的预测结果偏小,而该现象在第一版的程序中并未出现[121]。在图 4.6 中,Skye 的结果大多与其他程序结果匹配良好,唯独在马赫数小于 4 的条件下其结果与其他程序显现出较大分歧。而由于其他程序在该马赫范围内所得的结果也不一致,因此发动机在马赫数 4 以内的冲压模态下真实的工作性能还不明确。由于推力系数的定义还可以用方程 $C_t = \dfrac{\text{Thrust}}{0.5\ \dot{m}_0 V_0}$ 来表示,图 4.6 中曲线间展现的差异则可能是由捕获的来流质量流量($\dot{m}_0$)不同而造成的。根据 Olds 等[124]的解释,该差异可能是由不同的发动机内部几何构型及不同的前体预压缩假设条件造成的。

　　总体而言,通过 Skye 程序获得的结果相比于其他程序而言比较可信。尽管该程序采用了多个假设,不能得出真实 RBCC 发动机的精确结果,但它为 RBCC 发动机的预先研究和优化设计提供了有力工具,对于拟采用组合循环发动机的空天飞行器总体设计也具有重要意义。

4.4　RBCC 发动机性能参数化研究

　　在 Skye 程序的基础上,本节分别研究了工作高度、发动机进气面积及内部尺寸对发动机比冲等性能的影响,为后续多学科设计优化中推进学科的参数设计与模型构建做前期准备。

4.4.1 工作高度对发动机性能的影响

在 ESJ 发动机的验证中,采用了任务设计的上升弹道曲线,如图 4.4 所示。该曲线反映了发动机工作的马赫数和高度关系。为了了解非设计状态下发动机性能随马赫数变化关系,本节给定工作高度分别为 0 km、15 km、25 km 和 35 km,并研究了这些条件下 RBCC 发动机不同模态的比冲和比推力,结果如图 4.7 和图 4.8 所示。

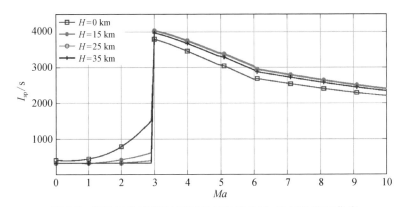

图 4.7 四种工作高度下 RBCC 发动机比冲-马赫数关系曲线

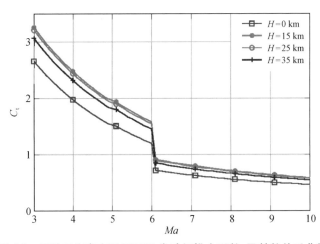

图 4.8 四种工作高度下 RBCC 发动机推力系数-马赫数关系曲线

从图 4.7 的比冲曲线可见,随着工作高度的增加,引射模态下的比冲性能下降,且马赫数的增加对比冲提升的影响越来越小。该现象产生的原因是,随着高度的增加,空气变得越来越稀薄,进气道捕获的气流量减少,因二次流燃烧产生的推力增益减少,发动机总推力慢慢接近于引射火箭独立工作产生的推力。从图 4.7 中还可以看出,在冲压和超燃冲压模态下,发动机的比冲随高度的增加出现先增加后降低的趋势。这种现象主要是由于来流总温随高度的变化不同导致的。由大气参数可知,在大约 11 km 以内的对流层中,大气温度随海拔的上升而减小,11 ~ 50 km 的平流层内大气温度变化较小,且呈现出先基本不变后缓慢增大的趋势。因此,四个高度条件下的温度关系为

$$T_{H=15\,\mathrm{km}} < T_{H=25\,\mathrm{km}} < T_{H=35\,\mathrm{km}} < T_{H=0\,\mathrm{km}}$$

由于来流总温升高使得发动机自身释热量减小,单位质量推进剂产生的推力降低,发动机整体比冲降低,这与图 4.7 中展现的规律一致。

　　图 4.8 展现了冲压和超燃冲压条件下推力系数随马赫数的变化关系。可见随着高度的增加,两种模态的推力系数变化规律与图 4.7 中的比冲变化规律一致。由推力系数的定义可知,来流动压的增加会导致推力系数分母增大。尽管高度的增加伴随着动压的减小,但是空气密度变得稀薄会使发动机来流捕获量减少,能够有效燃烧的燃料量减少,从而推力减小。推力的减小与动压的减小共同导致了图 4.8 中推力系数的变化规律。

4.4.2　发动机尺寸的影响

　　本节仍然以 ESJ 发动机模型为参考,通过改变发动机进气口尺寸(S_{in})来等比例改变发动机尺寸。图 4.9 展现了三种进气口尺寸下 RBCC 发动机比冲的对比,可见发动机尺寸并不改变发动机比冲性能。事实上,在发动机内部截面关系

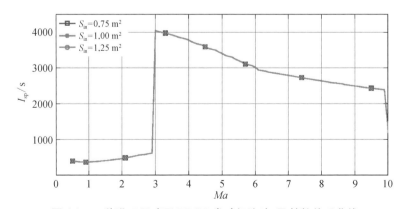

图 4.9　三种进口尺寸下 RBCC 发动机比冲-马赫数关系曲线

确定的情况下,尺寸不能影响发动机的无量纲数和属性,仅通过改变流量来影响推力大小。

4.4.3 发动机内部截面比例的影响

4.4.2 节已经指出,发动机尺寸不影响其比冲。本节通过改变发动机内各截面之间的比例来研究内部构型对发动机性能影响。

由于进气道和隔离段需要进行专门设计以保证进气道起动和具备较高总压恢复系数,因此不在本书研究范围以内。本节分别研究燃烧室面积 A_4 与进气口面积 A_0 的比值 Ar_c,以及出口面积 A_e 与 A_0 的比值 Ar_e 对发动机比冲性能的影响。这不仅能够研究提升发动机性能的方法,还为总体设计中确认发动机出口面积做准备。

图 4.10 展示了三种 Ar_c 条件下 RBCC 发动机比冲性能随马赫数的变化曲线,可见在引射和冲压模态下,燃烧室面积几乎不对发动机比冲产生影响。本模型中燃料的喷注量与释热量主要取决于来流条件,产生的推力主要取决于喷管,只要燃烧室能够保证燃料充分反应就不会再对比冲产生影响。由图可见,在超燃冲压模态下,Ar_c 会对比冲产生微小的影响,这主要是由于流道内的超声速流场在流道内扩张程度不同导致了不同的燃烧初始条件,但是与燃料释热相比,这种流动条件对比冲参数的影响很小。

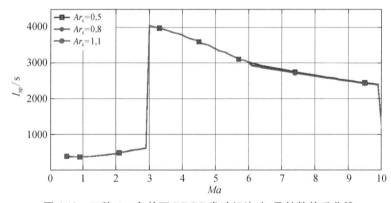

图 4.10 三种 Ar_c 条件下 RBCC 发动机比冲-马赫数关系曲线

图 4.11 展示了三种 Ar_e 条件下 RBCC 发动机比冲性能随马赫数的变化曲线,可见在引射模态下,该参数几乎不对比冲产生影响,在超燃冲压模态下对比冲的影响也很小。这主要是由于模型设计了有效出口面积的概念,三种 Ar_e 条

件下对应的出口面积都大于两种模态下尾流完全膨胀所需的有效出口面积,因此继续增大实际出口面积不能进一步增大推力。而对于冲压模态,尾流处于未完全膨胀状态,因此随着出口面积的增大,尾流进一步膨胀并产生更多推力,从而呈现出 Ar_e 越大,比冲越大的结果。

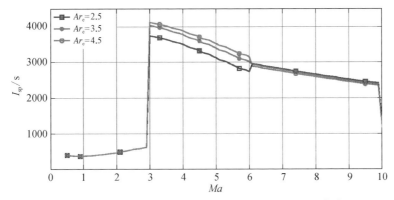

图 4.11　三种 Ar_e 下 RBCC 发动机比冲-马赫数关系曲线

4.5　小结

本章针对组合动力飞行器对动力的需求,提出了以 RBCC 发动机作为飞行器动力系统的方案,并设计了 RBCC 热力学分析程序。分析程序根据工作马赫数的不同分别定义了引射模态、冲压模态、超燃冲压模态和纯火箭模态,分析结果与公开文献中的数据吻合得较好,展现出该程序预测结果的合理性。

基于 RBCC 热力学分析程序,本章研究了不同工作高度下发动机的工作性能,结果发现在研究高度范围内,引射模态下发动机性能随高度的增大而降低,冲压模态和超燃冲压模态下的发动机性能随高度增加先提升后降低。工作高度对发动机性能的影响主要是通过大气参数起作用的。本章还研究了发动机尺寸及各截面比值对发动机比冲的影响,发现整体尺寸和燃烧室面积对发动机性能影响较小,在研究范围内,尾喷管面积仅对冲压模态下的发动机性能有较大影响,这主要是通过改变尾流膨胀程度来实现的。

第 5 章
组合动力飞行器弹道设计

　　航程是飞行器总体设计非常关心的指标,除此之外,起飞质量、飞行时间、航线规划等都是总体设计中需要设计和优化的目标。对于组合动力飞行器而言,根据具体飞行任务有特定的弹道设计需求,因此在总体规划阶段就应予以设计。对于航空运输而言,良好的弹道规划方案可以缩短航行时间,节约燃油消耗,从而降低飞行成本。对于战术导弹,弹道设计可以提高载荷战场生存能力、增大射程和提高打击精度。

　　本章基于二维简化弹道方程,研究了不同初始条件下以 RBCC 发动机为动力系统的 X－43A 飞行器起飞弹道特性,从弹道分析的角度进一步认识了组合循环动力系统对飞行器任务规划的影响。另外,本章还对有动力再入弹道进行设计,提出了先滑翔后巡航的弹道方案,为增大飞行器射程提供新的思路。最后,本章仍以 X－43A 为对象,分别对其爬升段和再入段弹道进行了优化设计,为 MDO 中弹道学科分析与优化打下基础。

5.1　弹道方程

　　假设地球是半径为 $R_e = 6\,371\text{ km}$ 的规则球体,忽略地球扁率、偏心率和自转,飞行过程中不考虑飞行器的侧向机动,则可采用简化的二维弹道方程,方程组形式如下所示:

$$\dot{v} = \frac{F_T \cos \alpha - D}{m} - g \sin \Theta \tag{5.1}$$

$$\dot{\Theta} = \frac{F_T \sin \alpha + L - mg\cos \Theta}{mv} + \frac{v\cos \Theta}{r} \tag{5.2}$$

$$\dot{x} = v\cos\Theta \tag{5.3}$$

$$\dot{H} = v\sin\Theta \tag{5.4}$$

$$m = m_0 - \dot{m}t \tag{5.5}$$

其中，Θ 为航迹角或轨道倾角；v 为飞行速度；m 和 H 分别为飞行器实时质量和飞行高度，其中飞行高度与飞行器地心距（r）之间的关系为：$H = r - R_e$；F_T、L 和 D 分别是飞行器的推力、升力和阻力。由于在执行任务过程中动压大小保持不变，因此升力和阻力的大小只与升力系数（C_L）和阻力系数（C_D）的大小分别相关，而这两个系数又是马赫数（Ma）和攻角（α）的函数。升力和阻力的表达式如下：

$$\begin{cases} L = q_0 S_{ref} C_L(\alpha,\ Ma) \\ D = q_0 S_{ref} C_D(\alpha,\ Ma) \end{cases} \tag{5.6}$$

其中，q_0 为飞行动压；S_{ref} 为飞行器参考面积。

另外，推力与质量流率 $\dot{m}$ 之间的关系为 $F_T = I_{sp}\dot{m}g$，对于 RBCC 发动机，该关系已在第 4 章进行过讨论。

5.2　以 RBCC 发动机为动力系统的等动压上升弹道设计

本节中采用 RBCC 发动机作为两级入轨任务飞行器的第一级推进系统。为了确保稳定的外部受力环境，使飞行器飞行过程中的动压大小（q_0）保持稳定，本节采取现有飞行器构型 X－43A 作为首级飞行器载机，该飞行器的气动数据可在文献[154]中查阅。飞行器的参考面积为 $S_{ref} = 4.236\ \mathrm{m^2}$。RBCC 发动机采用 ESJ 发动机构型，只是在大小上随入口截面积（S_{in}）的变化进行等比例缩放。图 5.1 展示了飞行器构型的示意图，飞行器腹部即为 RBCC 发动机的安装位置。

本节中，忽略攻角大小对发动机推力的影响。因此，在构型确定的情况下，发动机的性能只与飞行环境密切相关。

在等动压轨迹上，马赫数与飞行高度的关系如下：

$$q_0 = \frac{1}{2}\rho_0 v^2 = \frac{1}{2}\frac{p(H)}{RT_0}Ma^2\gamma RT_0 = \frac{1}{2}\gamma p(H)Ma^2 \tag{5.7}$$

当 q_0 确定时，可以预测飞行马赫数与飞行高度的关系。图 5.2 展示了三个不同

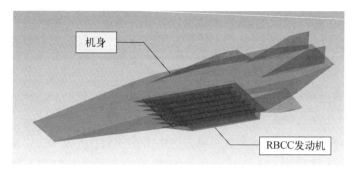

图 5.1 以 RBCC 发动机作为首级推进系统的飞行器示意图

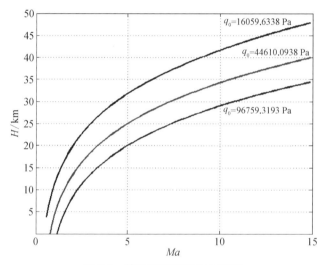

图 5.2 等动压弹道的三个实例

等动压条件下马赫数与飞行高度的关系曲线实例。三个动压曲线从上到下依次代表了 $Ma = 3$、$H = 25\ km$，$Ma = 5$、$H = 25\ km$ 和 $Ma = 5$、$H = 20\ km$ 条件下的动压值。

飞行速度与马赫数的关系为 $v = Ma \cdot v_{sonic}(H)$，这意味着飞行速度也是飞行高度的函数。因此，$v$ 的变化率表示如下：

$$\dot{v} = \left(\frac{\partial Ma}{\partial H} \cdot v_{sonic}(H) + \frac{\partial v_{sonic}(H)}{\partial H} \cdot Ma \right) \cdot \dot{H} \tag{5.8}$$

将方程(5.8)和弹道方程(5.1)~(5.5)相结合，可以确定每个时刻的攻角大小，继而求解出飞行轨迹。

本节中假设飞行动压等于飞行器在马赫数 6、海拔 25 km 的环境下受到的动压值,即 63 321 Pa,该条件广泛应用于高超声速飞行器及超燃冲压发动机的研究中[237,238]。本节中的飞行器期望于海拔 10 km 处发射,初始马赫数为 1.86,加速到马赫数 10 时的飞行高度为 31.8 km,该飞行范围是参考了 ESJ 发动机的飞行范围确定的[121],在此过程中飞行动压是强制保持稳定的。飞行器的发动机入口面积 S_{in} 决定了发动机的尺寸,预先定义为 0.15 m²,这样可使发动机推力的大小在整个飞行器加速过程中保持充足。

5.2.1 起飞质量的影响

飞行器的起飞质量是影响飞行轨迹和飞行运输能力的重要参数。采用上文中所采用的飞行器,定义 3 个不同的飞行器起飞质量,分别为 1 000 kg(Case‒a),1 500 kg(Case‒b)和 2 000 kg(Case‒c)。这些质量的给出是为了与 X‒43A 飞行器[102]具有可比性。发射高度和马赫数与之前介绍的案例保持不变。图 5.3 展示了这些案例的飞行轨迹及声速随海拔的变化曲线。图 5.4 比较了马赫数及飞行器实时质量随飞行时间的变化曲线。三个案例的最终飞行状态见表 5.1。例如,Case‒a 需要利用 880 s 加速到马赫数 10,其航程为 2 213 km。飞行器最终质量为 553 kg,占起飞质量的 55.3%。

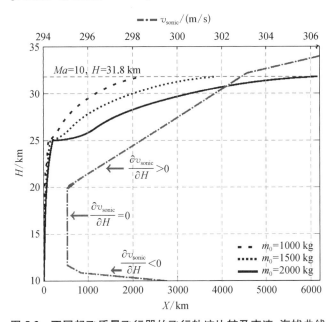

图 5.3   不同起飞质量飞行器的飞行轨迹比较及声速‒海拔曲线

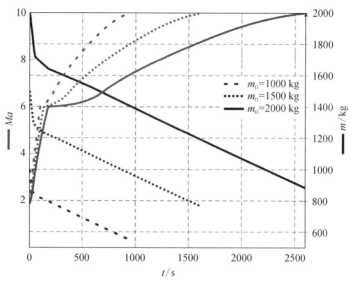

图 5.4 不同起飞质量飞行器的马赫数和实时质量随时间的变化曲线

表 5.1 不同起飞质量飞行器任务完成后的最终飞行状态

	m_0/kg	m_f/kg	$(m_f/m_0)/\%$	t/s	航程/km
Case – a	1 000	553	55.3	940	2 213
Case – b	1 500	764	50.9	1 620	3 863
Case – c	2 000	882	44.1	2 600	6 159

结果表明,更重的起飞质量需要在等动压弹道上消耗更多的时间和燃料来加速到马赫数 10。在大小相同的情况下,起飞质量小的飞行器相比于起飞质量大的飞行器,其最终质量占比更高。这意味着增加飞行器的有效载荷会产生高于等比例的燃油消耗量。该结果对于以 RBCC 发动机作为首级动力系统的两级入轨飞行任务具有较大的指导意义。提高第二级入轨飞行器的载荷质量会大幅增加首级飞行器的燃油需求量。另外,由于大多数的时间和弹道都是在 RBCC 超燃冲压模态工作的环境下进行的,该模态下加速过程非常缓慢。超燃冲压模态相比于其他模态,发动机的推力更小,并且推力随着马赫数的增加而减小。这是由于在等动压弹道下,马赫数的增大会导致发动机捕获流量减小,进一步使得发动机燃烧室的气体供应量不断减小,能量转换率不断降低。另外,方程(4.28)表明增大 Ma_4 将导致发动机内部的燃料释热量减少,从而使用于提供发动机推力的能量减少,这也是发动机在冲压模态向超燃冲压模态转换过程中发生推力

阶跃的原因。缓慢的加速过程不利于两级入轨任务,因为完成任务需要花费的时间过长。然而,对于超声速输运任务而言,该过程又是有利的,这是由于飞行器能够以高效的燃油使用来执行远距离飞行任务。

尽管引射模态和冲压模态的加速过程很短,而且在图 5.3 和图 5.4 中很难被观察清楚,该阶段的飞行过程却更加复杂。图 5.5 展示了起飞质量为 2 000 kg 的飞行器前 300 s 飞行过程中的航迹角、攻角及受力曲线。首个变化出现在 10.5 s 处,此时飞行器飞行高度达到 11.02 km 且进入声速不变的平流层,平流层覆盖海拔范围为 11.02~20.06 km(图 5.3)。$\dfrac{\partial v_{\mathrm{sonic}}(H)}{\partial H}$ 的值从负值达到 0,因此按照方程(5.8)计算,所需的速度梯度在此处不连续。当飞行时间达到 86 s 时,飞行器飞行高度达到 20.06 km,并且 $\dfrac{\partial v_{\mathrm{sonic}}(H)}{\partial H}$ 的值从 0 转为正数时,则发生相似的不连续现象。第二次变化出现在 45.3 s 时,此时马赫数达到 3,推进系统从引射模态转为冲压模态。此时推力值发生骤降,控制系统需要通过减小攻角来提供足够的水平加速度。因此,从图 5.5 中可见此时攻角和升力都发生了骤降。相似的情况出现在 176.7 s 时,此时飞行器达到马赫数 6,推进系统从冲压模态转为超燃冲压模态。由于横向加速度 $\dfrac{F_{\mathrm{T}}\cos\alpha - D}{m}$ 在特定攻角下具有最大值,可在模态

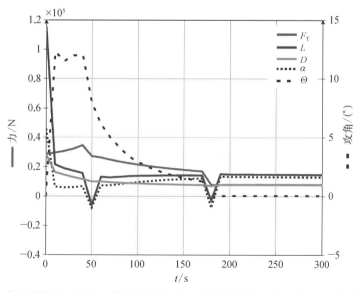

图 5.5 起飞质量为 2 000 kg 的飞行器前 300 s 飞行过程中的航迹角、攻角和受力曲线

转换发生时推力不足的情况下将攻角强制设为该值。尽管该过程中动压并不与设计值完全相同,它却能够在采取以上操作后迅速恢复到设计值。在发动机转入超燃冲压模态以后,推力值与预期速度梯度将保持稳定,飞行弹道将变得更加光滑,直至飞行结束任务。在超燃冲压模态下,推力比阻力值稍大,因此总的飞行加速度较小。对于等动压弹道,在飞行器构型确定的情况下,飞行器所受到的升力和阻力将保持稳定。发动机提供的推力和气动力之间的差值将用于飞行器的加速,而加速度的大小则由该差值的大小及飞行器的质量决定。在本节讨论的案例中,起飞质量的差异导致了不同的飞行加速度和不同的飞行轨迹。

5.2.2　发动机尺寸的影响

在上文中已经提到,本章中采用的发动机是在 ESJ 发动机的基础上进行缩比得到的,该发动机的构型展示在表 4.1 中。该发动机入口截面积为 S_{in},它也定义了发动机的尺寸及其推力大小。通过改变 S_{in} 的值,得到 Case-d($0.175\ \mathrm{m}^2$)和 Case-e($0.2\ \mathrm{m}^2$),并将起飞质量保持在 1 500 kg,以使其与 Case-b 有可比性。其他参数与之前的案例保持不变。这样可以在保持升力和阻力大小的条件下改变发动机推力。图 5.6 比较了 Case-b、Case-d 和 Case-e 的飞行轨迹。图 5.7 比较了它们的马赫数、飞行器质量随飞行时间的变化曲线。它们的最终飞行状态列于表 5.2 中。

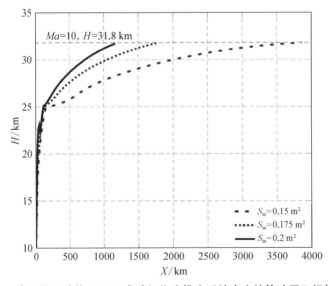

图 5.6　三个不同尺寸的 RBCC 发动机作为推力系统产生的等动压飞行轨迹比较

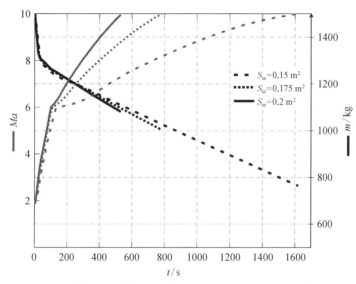

图 5.7　不同发动机尺寸条件下马赫数和飞行器质量随时间的变化曲线

表 5.2　不同发动机尺寸飞行器任务完成后的最终飞行状态

	S_{in}/m^2	m_f/kg	$m_f/m_0/\%$	t/s	航程/km
Case – b	0.150	764	50.9	1 620	3 863
Case – d	0.175	1 004	66.9	780	1 781
Case – e	0.200	1 081	72.1	530	1 169

　　结果表明,对于同样的飞行任务,通过增加发动机尺寸,可以大幅减少燃油消耗。飞行时间和航程会随着发动机尺寸的增加而减少,主要原因在于超燃冲压模态下的加速过程会因采用大尺寸发动机而减短。尽管大尺寸发动机的流量捕获更大,从而燃料消耗的质量流率也更大,但是飞行时间的减少仍然能使总的燃油消耗量减少。从这些结果中可以总结得出,大尺寸的发动机更适合于两级入轨飞行器的首级动力系统,而小尺寸的发动机更加适用于超声速巡航任务。但是,鉴于飞行器本身尺寸的约束,发动机的尺寸不能过大。另外,从表 5.2 可以看出,随着发动机尺寸的增加,燃油节省效果会越来越不明显。因此,发动机尺寸的选择需要根据飞行器机身尺寸及实际任务需求进行确定。

5.2.3　飞行动压的影响

　　本节中采用 Case – d 作为参考案例,这是由于表 5.2 表明进一步增加发动机的尺寸将不再能大幅度地节省燃油。本节中将设计动压分别改为 86 114 Pa 和

40 145 Pa，并保持其他条件不变，从而形成了 Case－f 和 Case－g。它们也分别对应了马赫数 6 的飞行速度下飞行高度分别为 23 km 和 28 km。这样的变化也会直接改变同一个飞行器所受到的升力和阻力值，并且随着飞行包线发生变化，飞行器的推力性能也会随之发生变化。由于发射的起始高度仍然是 10 km，Case－f 和 Case－g 的起始马赫数分别为 2.17 和 1.48。所有任务都将在马赫数达到 10 时终止。图 5.8 比较了 Case－f、Case－d 和 Case－g 的飞行轨迹。图 5.9

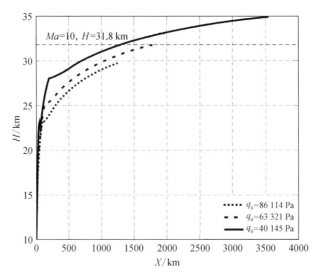

图 5.8　三个不同设计动压的飞行器等动压飞行弹道比较

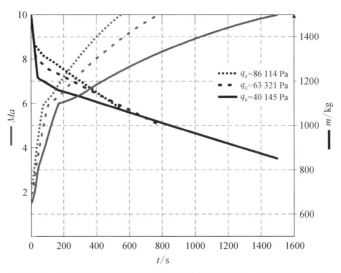

图 5.9　不同设计动压飞行弹道下的马赫数和飞行器质量比较

则比较了三个案例的马赫数和飞行器质量随飞行时间的变化关系,表 5.3 则展示了它们的终端飞行状态。

表 5.3　不同设计动压弹道的飞行器终端飞行状态

	q_0/Pa	m_f/kg	m_f/m_0/%	t/s	航程/km	H_f/km
Case – f	86 114	1 076	71.7	550	1 249	29.7
Case – d	63 321	1 004	66.9	780	1 781	31.8
Case – g	40 145	850	56.7	1 500	3 543	34.9

结果表明,随着设计动压的增加,飞行器加速过程更快,燃油消耗量更少。然而,从图 5.9 中可以看出,高动压弹道导致了快速的燃油消耗。另外,具有更高飞行动压的飞行器相比于飞行动压小的飞行器,不能爬升到相同的飞行高度。总体而言,高动压弹道更加适用于快速加速和燃料节省的战术需求,小动压飞行弹道则更加适用于长途输运以及有高巡航海拔需求的飞行任务。

5.2.4　具有实际意义的宽速域弹道分析

之前所比较的案例旨在研究各设计参数对以 RBCC 发动机为首级动力系统的两级入轨飞行任务弹道的影响,然而由于实际任务中难以实现超声速的初始发射条件,因此以上的比较并不适用于实际的飞行任务应用。由于 Case – g 的设计动压相对较低,飞行器可以在较小的速度下发射,因此本节采用它作为设计案例。它的初始发射速度为马赫数 0.8,海拔为 1 km,这对于采用现有运输机进行空中发射是可以实现的。任务的终端马赫数预计为 15,因此 RBCC 发动机可以相继在四个模态下进行工作。图 5.10 展示了飞行轨迹及推力随着航程的变化曲线。图片背景划分为 4 个部分,分别对应发动机四个工作模态。可以看出,在引射模态及纯火箭模态下任务的爬升速度较快,这是由于这两个模态下的推力相对较大。由于发动机从引射模态转换到冲压模态的过程中推力大小发生骤降,飞行器需要减小攻角以保证充足的水平加速度,随之而来的是升力减小,导致其不能抵消重力,因此能够从图中看到在冲压模态下的飞行高度出现了降低。此外,发动机从超燃冲压模态转换到纯火箭模态的过程中推力的增长造成了一段快速爬升弹道,其原因也是攻角的增加使得升力大于重力。图 5.11 展示了飞行马赫数及飞行器质量随飞行时间的变化曲线。由图可见,在引射模态和纯火箭模态下的加速过程更快。同时,这两个模态下的燃油消耗也很快。冲压模态和超燃冲压模态下的燃油消耗率相似,但是在冲压模态下飞行器的爬升速度更快。这些结果对于以 RBCC 发动机为动力的飞行任务具有一定的参考意义。

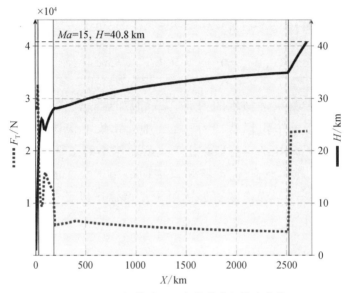

图 5.10　可行等动压任务的弹道和推力曲线

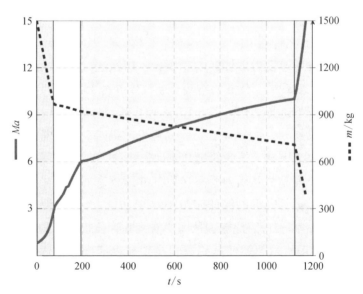

图 5.11　等动压任务中的飞行马赫数和飞行器质量随时间的变化曲线

5.3　有动力再入弹道设计

设某型导弹由两级助推火箭助推到一定高度后,二级助推器与上面级分离,上面级经过一段跳跃式滑翔弹道后靠自身动力系统转入巡航状态,通过攻角的控制实现等高度巡航。巡航结束后通过弹道下压打击地面目标。该模型即反映了"先滑后巡"的未来武器发展思路。

本节以潘兴-Ⅱ导弹系统助推火箭为参考,设计了两级助推-滑翔-巡航式弹道。本节中主动段发射程序分为垂直上升段、亚声速有攻角转弯段、重力转弯段、一级火箭分离与无动力滑行段、二级程序转弯段、二级火箭分离与无动力滑行段。本节不对主动段飞行程序和发射参数进行详细介绍,具体可参见一般三级火箭发射的有关文献。这里直接给出发射完成后弹道末端参数。由于发射方位角为-8.3°,主动段后滑翔段起点坐标为(-46.121 km, 316 km, 58.258 km),起点速度为4 765.1 m/s,起点攻角为5.4°,速度倾角为3°,当地速度倾角为0.15°。

设巡航级外形是在图 3.16 构型的基础上安装超燃冲压发动机后改装而成,巡航载荷为1 050 kg,参考面积为$S_{ref} = 0.22 \text{ m}^2$。在已经得到气动外形条件下,通过工程估算的方法获得了该构型的升阻力系数性能,作为弹道的输入。其升力系数和阻力系数分别表达为攻角的一次函数和二次函数,具体表达式如下:

$$\begin{cases} C_L = 2.992\,9\alpha + 0.012 \\ C_D = 3.563\,2\alpha^2 - 0.013\,8\alpha + 0.006\,2 \end{cases} \tag{5.9}$$

为了避免高速条件下热流密度过高,因此可限定一个临界速度,在速度大于该临界速度时采用大攻角再入条件。本节具体采用大攻角滑翔条件为:$\alpha_{max} = 8°$。在起滑 2 s 时间内使攻角达到最大值,并保持最大攻角再入状态。由于动压过大,滑翔段弹道呈现出跳跃形态。为了达到先滑翔后巡航的目的,可在弹道条件达到弹道倾角为 0°、高度在 20~25 km 时使其保持并进入等高度巡航状态。本节限定弹道跳跃 3 次后弹道倾角回归 0°时进入巡航状态,此时的弹道条件为

$$\begin{cases} \dot{r} = 0 \\ \Theta = 0 \\ \dot{\Theta} = 0 \end{cases} \tag{5.10}$$

故此时

$$(F_\text{T}\sin\alpha + L)\cos\sigma - mg\cos\Theta + \frac{mv^2\cos\Theta}{r} = 0 \tag{5.11}$$

其中, σ 为侧倾角。当 σ 和 α 均为小量时,有 $\sin\alpha = \alpha$, $\cos\sigma = 1$, 故可得

$$\alpha = \frac{mg - mv^2/r - Cl_0 qS_\text{ref}}{F_\text{T} + Cl_1 qS_\text{ref}} \tag{5.12}$$

其中, $m = m_0 - \dot{m}t$; Cl_0 和 Cl_1 分别为升力系数的两个多项式系数,即 $Cl_0 = 0.012$, $Cl_1 = 2.9929$。本节中采用超燃冲压发动机作为巡航动力系统,推力大小暂设为 2 050 N 且维持不变。飞行器质量按照方程(5.5)匀速变化。

巡航段结束后采用攻角下压的方法使弹道下压,从而达到快速打击地面目标的战术效果。此时攻角变化为线性递减,其递减规律可表示为

$$\alpha = \alpha_\text{cruise} - \dot{\alpha}t \tag{5.13}$$

其中攻角变化率可根据实际情况调节,其值将影响弹道下压幅度及终端打击角度。本节中暂取 $\dot{\alpha} = 0.0005$。

图 5.12 展示了整个弹道飞行过程中各弹道参数随时间的变化情况,其中前半段(绿色)线条代表助推段弹道,后半段(蓝色)代表滑翔-巡航飞行段。图 5.13 展示了整个飞行段的三维弹道曲线,红色(加粗)部分代表巡航段,即

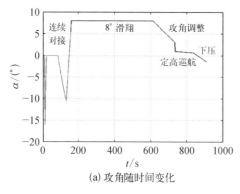

(a) 攻角随时间变化

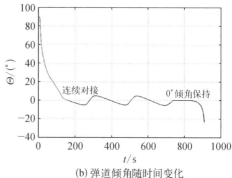

(b) 弹道倾角随时间变化

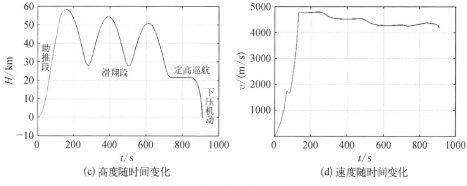

(c) 高度随时间变化　　　　　　　　(d) 速度随时间变化

图 5.12　滑翔–巡航导弹弹道参数随时间变化关系

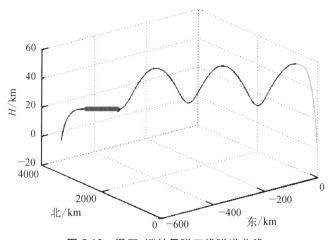

图 5.13　滑翔–巡航导弹三维弹道曲线

整个弹道过程的 736~836 s 时间段,具体巡航时间受发动机本身的限制和实际需求的约束。

尽管图 5.13 中采用的是三维弹道,但是弹道仅在发射时限定了一定的发射方位角,使得其朝向北偏西 8.3° 的方向,弹道本身仍然在一个平面内,飞行过程中没有侧向机动。弹道沿北偏西方向飞行,发射起点坐标设为(0, 0, 0),滑翔段起点坐标为(−46.121 km, 316.5 km, 58.258 km),终点坐标为(−571.9 km, 3 596.6 km, 0),即总航程达到了 3 641.8 km。可见该弹道不仅射程远,而且机动性强,难以预测和拦截。巡航段因采用超燃冲压发动机而具备高超声速自主巡航能力,可根据具体任务进行灵活调整。

5.4　弹道优化

5.4.1　Radau 伪谱法

弹道的优化是一个连续时间上的开环最优控制问题,通过优化控制量在未知时间区间内的分布来使目标量达到最优。Radau 伪谱法通过将状态变量和控制变量在一系列 Radau 拉格朗日-高斯节点上进行离散,并在这些节点上构建全局拉格朗日多项式来获得两类变量的近似函数;通过优化各个节点处的控制变量来对弹道进行优化。

Gpops‑II 是基于 MATLAB 软件的开源程序包[147,239‑241],它使用了 Radau 伪谱法作为轨迹优化方法,具备 hp 自适应网格加密算法,能够迭代确定配点的精确位置。该方法通过 SNOPT 求解器求解伪谱法生成的非线性规划问题。本节分别设定了采用变推力液体火箭发动机助推爬升的 X‑43A 飞行器飞行任务及其无动力再入任务,并通过 Gpops‑II 优化程序对两类飞行任务进行了轨迹优化,为后续 MDO 中的弹道学科设计和优化做铺垫。

5.4.2　爬升弹道优化

假设 X‑43A 验证机从运载机上脱落,凭借自身动力系统上升到超燃冲压发动机工作高度。已知载机的飞行高度为 13 km,飞行速度为 240 m/s($Ma(t_0) = 0.8$),验证机与载机分离时的弹道倾角为 $\gamma(t_0) = 0°$ 。 根据公开资料显示,X‑43A 的超燃冲压发动机测试工作高度为 35 km,速度为 3 111.1 m/s ($Ma(t_f) = 10$)。 飞行器质量为 $m(t_0) = 2\,500$ kg,表面积为 $S = 4.236$ m²,升力系数和阻力系数随马赫数及攻角的变化见文献[154]。假设验证机是通过可变推力液体火箭发动机作为动力系统进行爬升的,该发动机的推重比为 2.5,即最大推力为 $F_{Tmax} = 61\,250$ N。 该发动机比冲为 $I_{sp} = 400$ s,则最大推力时的燃油消耗率为 $\dot{m}_{max} = 15.625$ kg/s。

通过控制燃油喷注阀门来控制燃油消耗量,从而控制爬升推力。定义阀门开闭系数 mct,则实际燃油喷注量为 $\dot{m} = \dot{m}_{max} \cdot mct$,对应的发动机推力为 $F_T = F_{Tmax} \cdot mct$。 另外,通过控制攻角来变换爬升过程中的弹道姿态。为了使验证机能够携带更多的有效载荷进入任务区,因此以验证机爬升的末端质量最大为优化目标。采用 Radau 伪谱法,优化问题的描述为

$$
\left\{
\begin{array}{ll}
\text{find} & t,\ \alpha(t),\ mct(t) \\
\text{min} & -m(t_{\mathrm f}) \\
\text{s.t.} &
\begin{bmatrix}
mct(t) \\ \alpha(t) \\ H(t) \\ V(t) \\ \gamma(t) \\ m(t) \\ R(t)
\end{bmatrix}
\in
\begin{bmatrix}
0 & 1 \\
-10° & 20° \\
0 & 30\ 000\ \mathrm{m} \\
0 & 2\ 000\ \mathrm{m/s} \\
-40° & 40° \\
750\ \mathrm{kg} & 2\ 500\ \mathrm{kg} \\
0 & \inf
\end{bmatrix}
\quad
\begin{bmatrix}
H(t_0) \\ V(t_0) \\ \gamma(t_0) \\ m(t_0) \\ R(t_0) \\ H(t_{\mathrm f}) \\ V(t_{\mathrm f}) \\ \gamma(t_{\mathrm f})
\end{bmatrix}
=
\begin{bmatrix}
13\ 000\ \mathrm{m} \\ 240\ \mathrm{m/s} \\ 0° \\ 2\ 500\ \mathrm{kg} \\ 0 \\ 35\ 000\ \mathrm{m} \\ 3\ 111.1\ \mathrm{m/s} \\ 0°
\end{bmatrix}
\end{array}
\right.
\quad (5.14)
$$

对于爬升弹道,弹道微分方程仍然使用式(5.1)~式(5.5)。优化过程中的求导方式采用有限差分法,网格迭代次数为 10。优化的控制变量结果随时间变化曲线如图 5.14 所示。从阀门开闭系数的变化曲线可见,发动机总是以最大推力状态工作。另外,攻角变化曲线比较平缓,具有很好的工程可实践性。

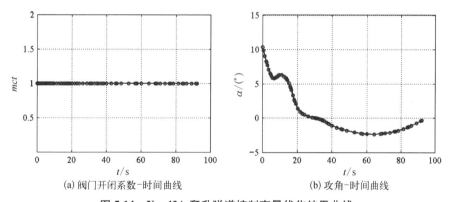

(a) 阀门开闭系数-时间曲线　　　　　　(b) 攻角-时间曲线

图 5.14　X‑43A 爬升弹道控制变量优化结果曲线

图 5.15 展示了优化后的弹道及状态参数随时间的变化曲线。由图可见,验证机的爬升时间为 92.3 s,航程为 124.5 km,末端质量为 1 058.5 kg,即爬升过程中共计燃油消耗量为 1 441.5 kg,机身及有效载荷质量占比为 42.34%。优化后的弹道不仅满足终端约束,且不存在较大的波动,可在工程实践中作为参考。

5.4.3　再入弹道优化

假设 X‑43A 飞行器从 H = 20.5 km 的高空返回地面,初始飞行马赫数为

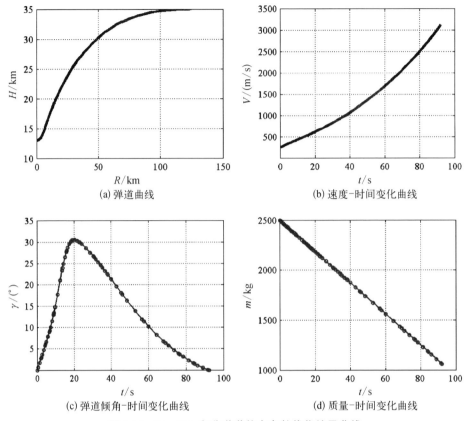

(a) 弹道曲线

(b) 速度-时间变化曲线

(c) 弹道倾角-时间变化曲线

(d) 质量-时间变化曲线

图 5.15　X‒43A 爬升弹道状态参数优化结果曲线

5.6,对应初始速度为 1 653 m/s,初始再入弹道倾角为‒3°。飞行器质量为 2 500 kg,机身表面积及升力系数和阻力系数随马赫数及攻角的变化关系与 5.4.2 节保持一致。假设返回过程中无动力,只有攻角 α 为控制参数,由于末端参数未知,因此首先通过定攻角的方式预估再入弹道范围。

令 α 在‒2°~10°范围内均匀选取 7 个点作为等攻角返回控制条件,并根据弹道方程式(5.1)~式(5.4),将其中的推力 F_T 保持为 0,然后通过时间迭代的方式确定飞行器的弹道参数,当末端高度为 0 时迭代结束。在得到的各等攻角返回条件下,着陆前弹道曲线对比如图 5.16 所示。

由图 5.16 中的等攻角再入弹道可见,随着攻角的增加,等攻角再入弹道的航程呈现出先增大后减小的趋势,弹道曲线呈现出较大变化。但随着攻角的增大,速度和弹道倾角的曲线区别减小。当 $\alpha=6°$时,弹道航程达到最大值 534.1 km,此时的飞行时间为 961.4 s,末端速度为 133.6 m/s,末端弹道倾角为‒10.58°。

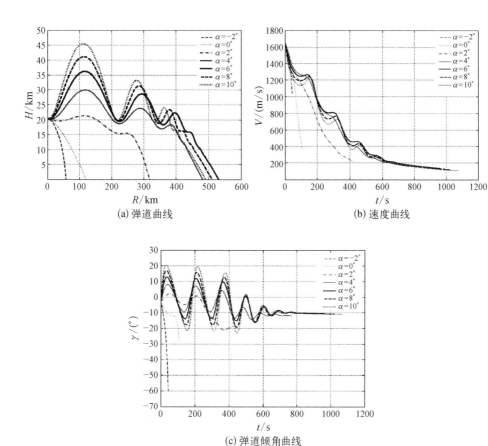

(a) 弹道曲线　　　　　　　　　　　　(b) 速度曲线

(c) 弹道倾角曲线

图 5.16　X‒43A 等攻角再入弹道曲线对比

为了得到航程更远的弹道曲线,采用 Radau 伪谱法对该再入弹道进行优化。终端条件即选取 $\alpha=6°$ 时的等攻角再入弹道末端条件。该优化问题的描述为

$$
\begin{cases}
\text{find} & t,\ \alpha(t) \\
\min & -R(t_\text{f}) \\
\text{s.t.} & \begin{bmatrix} \alpha(t) \\ H(t) \\ V(t) \\ \gamma(t) \end{bmatrix} \in \begin{bmatrix} -10° & 20° \\ 0 & 40\,000\ \text{m} \\ 0 & 2\,000\ \text{m/s} \\ -40° & 40° \end{bmatrix} \begin{bmatrix} H(t_0) \\ V(t_0) \\ \gamma(t_0) \\ H(t_\text{f}) \\ V(t_\text{f}) \\ \gamma(t_\text{f}) \end{bmatrix} = \begin{bmatrix} 20\,500\ \text{m} \\ 1\,653\ \text{m/s} \\ -3° \\ 0\ \text{m} \\ 133.6\ \text{m/s} \\ -10.58° \end{bmatrix}
\end{cases} \quad (5.15)
$$

图 5.17 比较了优化后的再入弹道与 $\alpha=6°$ 等攻角再入弹道的弹道曲线及状态变量随时间变化曲线。首先从控制变量的角度来看,优化弹道的攻角在 $4°\sim10°$ 之间连续波动,但是形成了过渡更加平缓的弹道、速度和弹道倾角曲线。从弹道来看,同样是经历了三次跳跃,但优化后的弹道跳跃高度更小,航程达到 575.8 km,相比于 $6°$ 攻角再入的航程增加了 41.7 km,另外,优化后的弹道飞行时间为 1 078 s,相比于 $6°$ 攻角再入增加了 117 s。尽管优化弹道需要对攻角进行频繁控制,但攻角大小在较小的区间内保持了连续变化,具有工程上的可行性。该弹道优化过程为高超声速验证机的无动力返回提供了参考。

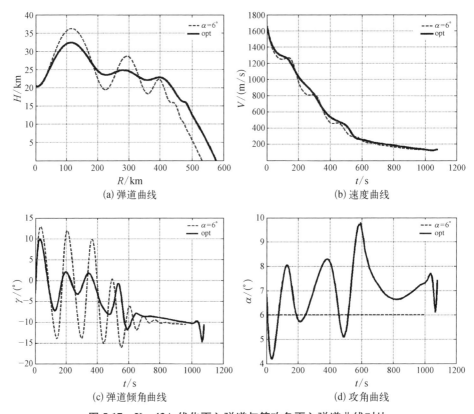

图 5.17 X‑43A 优化再入弹道与等攻角再入弹道曲线对比

5.5 小结

本章基于二维弹道方程,以第 4 章构建的 RBCC 发动机热力学分析程序为动力系统,研究了飞行器起飞质量、发动机尺寸和弹道动压等因素对飞行器等动压爬升性能的影响。结果发现,在同样的爬升任务中,较轻起飞质量有利于飞行器的快速加速,有效载荷每增大一个百分点会导致多于一个百分点的燃油消耗;大发动机尺寸会导致快速的燃油消耗,但有利于减少任务的总燃油消耗量;快速加速和燃油节约的弹道目标倾向于选择大动压弹道,而小动压弹道更适用于长距离运输和高巡航高度的弹道任务。尽管 RBCC 发动机是理想的空天往返推进系统,但其超燃冲压模态下的推力较小,因此不利于通过该模态执行加速和爬升任务,相比之下,利用其稳定的推力输出和较低的燃油消耗可以执行长距离巡航或运输任务。实际飞行任务中采用 RBCC 发动机应根据具体情况调整模态转换边界。

　　本章还设计了助推-滑翔-巡航飞行弹道,规划了先滑后巡的弹道轨迹,使得特定飞行器能够在再入过程中航程更大且难以预测,从而提高其生存能力。最后,基于 Radau 伪谱法,本章设计了 X - 43A 飞行器的爬升和再入优化任务,展现了基于已知构型和已知推力情况下优化弹道的优势,为后文中组合动力飞行器的多学科设计优化打下了弹道优化基础。

第6章

组合动力飞行器气动外形设计研究

由组合动力飞行器弹道分析可见,组合动力飞行器的大部分飞行环境都是超声速或高超声速条件。超声速流场是典型的可压缩流场,其流场特征有别于跨声速和低速条件,因此在超声速、高超声速条件下的飞行器设计方法与低速飞行器有显著不同。例如,在低速条件下表现优异的飞机翼型具有典型的圆头尖尾特征,其在超声速条件下则会产生强烈的弓形激波,从而带来巨大的阻力。而面向超声速设计的飞行器具有典型的机翼-机身一体化特征,为减小波阻,通常会采用尖锐的前缘和较大的后掠角。激波是超声速下的典型流场结构,根据圆锥激波流理论发展的锥导和吻切锥乘波式设计方法已经广泛应用于超声速流场下的飞行器局部和全局外形设计。本章主要基于锥导和吻切锥乘波理论研究宽速域乘波飞行器和吸气式巡航飞行器的设计方法,提出了等激波面宽速域乘波设计方法和全机一体化乘波巡航飞行器设计方法,为组合动力飞行器和高超声速飞行器设计提供了新的思路,为组合动力飞行器的多学科设计优化提供了构型基础。

6.1 基于锥导乘波理论的宽速域滑翔飞行器设计方法

乘波体是一类能在超声速和高超声速条件下进行滑翔飞行的构型,这类飞行器的整个下表面包裹在设计激波内部,使得构型仿佛"骑"在激波上飞行。乘波体的升阻比特性与普通外形并没有太大不同,这是因为升力随攻角增大而增大的过程中阻力也在增大。但是乘波体较小攻角下便可以产生与普通外形大攻角下相等的升力,而相同升力下乘波体的升阻比远大于普通外形。因此,对于巡航飞行器,一般在升力固定的情况下乘波体阻力较小。

Kuchemann 首先提出乘波体概念并分析了此类飞行器的性能[242]。美国的
HTV - 2 猎鹰滑翔飞行器及 X - 51A 高超声速巡航飞行器均采用了乘波体构
型。然而乘波体和其他传统的高超声速飞行器设计理念均是在一个给定的马
赫数条件下进行设计,再根据实际情况进行改动。虽然根据其设计原理可以
确保该类飞行器在设计马赫数下具有很好的气动性能,但难以保证在其他马
赫数下其优良的气动性能能够得以保持,难以满足可重复使用水平起降运载
器的需求,实际情况下需要牺牲动力系统来弥补气动外形上的不足,因此在未
来应用中迫切需要一种能够适应一定速度范围的巡航飞行器。本章提出了一
种新型的宽速域滑翔飞行器设计方法,并且在等容积率的前提下比较了其与
乘波体的气动性能。

6.1.1　锥导乘波体设计方法

在介绍新型的宽速域滑翔飞行器设计方法之前,先简单回顾一下高超声速
条件下的圆锥流场特性以及锥导乘波体的设计方法。

在 $Ma>1$ 的超声速条件下,其对应的激波角大小为 $\arcsin(1/Ma)$。在流场
中放置圆锥,将对应产生一个圆锥激波,如图 6.1 所示。假设实体圆锥的圆锥角
为 δ,其产生的激波角大小为 β,则两者的对应关系可由 Taylor - Maccoll 公式迭
代得到。该关系式表达如下:

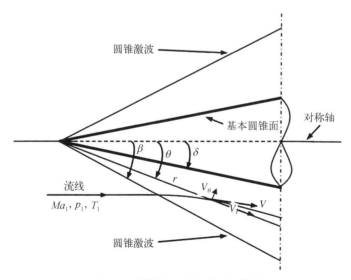

图 6.1　圆锥流场几何关系示意图

$$2V_r + V_\theta \cot\theta + \frac{dV_\theta}{d\theta} - \frac{2V_\theta}{\gamma - 1}\left(\frac{V_r\dfrac{dV_r}{d\theta} + V_\theta\dfrac{dV_\theta}{d\theta}}{V_{max}^2 - V_r^2 - V_\theta^2}\right) = 0 \tag{6.1}$$

即

$$\frac{\gamma - 1}{2}\left(V_{max}^2 - V_r^2 - V_\theta^2\right)\left(2V_r + V_\theta\cot\theta + \frac{dV_\theta}{d\theta}\right) - V_\theta\left(V_r\frac{dV_r}{d\theta} + V_\theta\frac{dV_\theta}{d\theta}\right) = 0$$

$$\tag{6.2}$$

其中,r 和 θ 分别是空间任一点 e 与圆锥原点之间的距离及其连线与圆锥轴线的夹角;V_r 和 V_θ 分别是 e 点处速度沿径向和法向的分量;V_{max} 是流动膨胀到温度为 0℃ 时所能达到的最大理论速度,即

$$h_0 = \frac{V_{max}^2}{2} = \frac{a^2}{\gamma - 1} + \frac{V^2}{2} \tag{6.3}$$

其中,a 为声速;V 为 e 点处实际速度。

由于

$$V_\theta = \frac{dV_r}{d\theta} \Rightarrow \frac{dV_\theta}{d\theta} = \frac{d^2V_r}{d\theta^2} \tag{6.4}$$

故

$$\frac{\gamma - 1}{2}\left[V_{max}^2 - V_r^2 - \left(\frac{dV_r}{d\theta}\right)^2\right]\left(2V_r + \frac{dV_r}{d\theta}\cot\theta + \frac{d^2V_r}{d\theta^2}\right) - \frac{dV_r}{d\theta}\left(V_r\frac{dV_r}{d\theta} + \frac{dV_r}{d\theta}\frac{d^2V_r}{d\theta^2}\right) = 0$$

$$\tag{6.5}$$

该方程无封闭解,必须通过数值方法进行求解,如龙格-库塔方法。

图 6.2 展示了锥导乘波体的生成方法。已知在超声速来流条件下,一定锥角大小的圆锥能产生一道圆锥激波,该圆锥激波的一部分即为目标乘波体下表面所"乘"的激波面。将圆锥激波底面视为基准平面,在该平面上设计曲线并作为乘波体上表面基准曲线(UBC),将 UBC 沿来流反方向拉伸产生一个与来流方向平行的曲面,该曲面与圆锥激波面的交线为乘波体前缘线,前缘线与 UBC 共同围成乘波体上表面。由于上表面平行于来流,因此理论上不产生激波。将前缘线上每一点作为流线出发点,按照圆锥激波后的流场信息生成流线,则所有流线共同拼接成乘波构型的下表面。其中,每个前缘线离散点出发的流线可通过

求解方程得到。构型下表面与圆锥激波基准平面相交产生下表面基准曲线
（LBC）。至此,上表面、下表面和基准平面共同围成一个理想的锥导乘波体构
型。可见由于构型上表面不会对流场产生阻碍,而下表面可以产生圆锥激波,因
此整个构型产生的流场结构即为一个被构型下表面覆盖的激波流场。

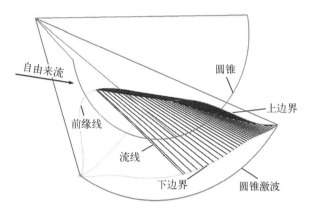

图 6.2　锥导乘波体生成方法示意图

6.1.2　等激波角宽速域乘波设计方法

等激波角宽速域乘波滑翔飞行器的设计基于乘波体的反设计思想。当圆锥
激波给定时,基准圆锥及相应的圆锥流场随马赫数的不同而不同。如图 6.3 所
示,设圆锥激波设计激波角为 β,已知 $Ma_1<Ma_2$,对应的圆锥角 $\delta_1<\delta_2$。自由来流
中的一根流线在经过圆锥激波后改变方向。通过求解方程,可以发现同一点处

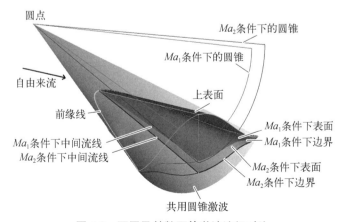

图 6.3　不同马赫数下等激波流场对比

Ma_1 下追踪的流线在 Ma_2 下追踪流线的上方,对应生成的乘波体也表现出高马赫数下设计的乘波体比低马赫数下设计的乘波体更厚。

从以上分析可知,若圆锥激波给定,UBC 的设计将决定飞行器的上表面及前缘线形状,如图 6.2 和图 6.3 所示。另外,因飞行器的对称性,本节仅考虑了飞行器一半的设计。上缘线的设计决定了上表面的形状,上表面与圆锥激波相交形成构型的前缘线。将该部分前缘线划分成 n 个点,每个点根据对应的设计马赫数沿流线方向进行拉伸组成下表面。若从边缘处取设计马赫数为 Ma_1,中心处的设计马赫数为 Ma_2,其间的设计马赫数按照等差数列分布,则第 i 个点的设计马赫数为

$$Ma(i) = Ma_1 + \frac{Ma_2 - Ma_1}{n - 1}(i - 1), \quad 1 \leqslant i \leqslant n \tag{6.6}$$

将每个点按照对应的马赫数进行流线追踪,然后将所有追踪出的流线放样成曲面,即形成了变马赫数乘波曲面,最终通过上、下表面及后基准面围成宽速域滑翔飞行器构型,该构型预计在 Ma_1 到 Ma_2 范围内拥有较好的气动性能。

6.1.3   等激波角宽速域乘波飞行器控制参数

从设计方法中可以得知,宽速域 HGV 的构型主要受到圆锥流场及上缘线形状的影响。考虑到一个无量纲长度的圆锥在 Ma_1 到 Ma_2 的速度范围内飞行,则可通过激波角 β 确定圆锥激波及其流场特性。之后通过参数化方法确定上缘线的方程曲线形状。

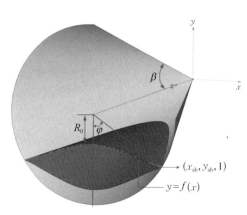

图 6.4   宽速域滑翔飞行器参数化示意图

图 6.4 展示了笛卡儿坐标系中宽速域滑翔飞行器参数化示意图,将坐标原点取在圆锥顶点,z 轴指向圆锥开口方向,y 轴指向上方,x 轴的指向可由右手坐标系定律得出。为了确定机体宽度,需要知道尾部两个端点坐标($\pm x_{sb}$,y_{sb},1),可以通过给出端点与底部圆心连线和 $x = 0$ 平面的夹角 φ 确定端点坐标。因此这两个端点坐标可以表示为

$$(\pm x_{\mathrm{sb}}, y_{\mathrm{sb}}, 1) = (\pm \tan\beta\sin\varphi, \tan\beta\cos\varphi, 1) \tag{6.7}$$

为了确定上缘线顶点,需要计算其与底面圆心的距离 R_0,可以通过给定其与底面半径之间的比例 S 来确定,即

$$R_0 = S \cdot \tan\beta \tag{6.8}$$

至此已经确定了上缘线上的三个点,上缘线的方程为对称方程,可通过以下参数化方程给出:

$$y = y_{\mathrm{sb}} + A(x^2 - x_{\mathrm{sb}}^2)^p$$

$$A = (-1)^{p+1} \frac{(y_{\mathrm{sb}} - R_0)}{x_{\mathrm{sb}}^{2p}} \tag{6.9}$$

可见该方程的求解还需给定参数 p,即方程阶数。

6.2　吻切锥变马赫数宽速域乘波飞行器设计方法

本节详细介绍了变马赫数"并联"宽速域乘波飞行器的设计思路,其主要考虑是在变马赫数设计条件下,得到适合宽速域飞行的乘波飞行器外形,使其在宽速域条件下的气动性能整体最优。当飞行马赫数发生改变时,使宽速域乘波飞行器的部分前缘线具有乘波性能,同时,在飞行马赫数周围的区域马赫数范围内兼顾良好的气动性能,从而保证其整体的气动性能。

6.2.1　设计方法

本节提出了将吻切锥乘波飞行器设计理论与变马赫数乘波飞行器设计方法相结合的设计思路。其目的就是结合两者的优点,致力于进一步拓展乘波飞行器的实用性,既要突破锥导乘波飞行器的激波面只能是圆锥形的这一局限,又希望能够实现实际运用中的速域更宽、空域更广的这一必然发展方向的需求。

本设计理念的提出为高超声速飞行器外形设计拓宽了思路,在宽速域乘波飞行器的设计上提出新的概念与方案,能够更好地适应激波面非圆锥及宽速域飞行条件,这会对未来航空航天发展带来重大影响,尤其是在组合动力飞行器领域。

在本节中,我们将会利用上表面后缘线为设计条件,求取上表面、下表面、下

表面后缘线和前缘线,进而完成吻切锥变马赫数宽速域乘波飞行器的设计。其具体设计步骤如下。

步骤一:确定激波出口型线,即进气捕获曲线(inlet capture curve, ICC)。

吻切锥乘波飞行器的优点就是激波出口型线不再局限于圆弧形状,便于与进气道进行一体化设计。飞行器前体/推进系统一体化设计的需求是在乘波飞行器下表面中间部分形成均匀流场。同时,ICC 函数还必须满足二阶连续可导的要求。

如图 6.5 所示,设置激波出口型线中间部分为直线,可达到在进气道入口处获得均匀流场的要求,而在构造吻切锥激波面时,因其曲率半径为无穷大,可将其对应为楔形流场;还可看出,为了提升容积率,激波出口型线的外缘部分被设置成了指数函数($y = Ax^q$),可参见公式(6.10),坐标系如图 6.5 所示(为右手坐标系)。

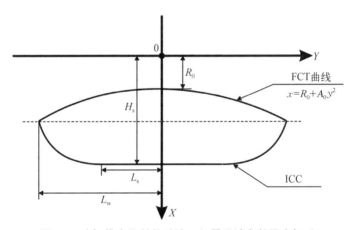

图 6.5 吻切锥变马赫数乘波飞行器设计参数及坐标系

激波出口型线方程:

$$x = \begin{cases} H_s, & -L_s \leqslant y \leqslant L_s \\ -a(y - L_s)^q + H_s, & L_s < | \, y \, | \leqslant L_w \end{cases} \tag{6.10}$$

其中,H_s 为直线段的 X 坐标,其值可由乘波飞行器设计厚度确定;L_s 为直线段长度的一半;L_w 为乘波飞行器设计宽度的一半;a 为激波出口型线方程系数;q 为激波出口型线方程指数。

步骤二:确定上表面后缘线,即流动捕获管(FCT)

$$x = R_0 + A_0 y^2 \tag{6.11}$$

其中, R_0 与 A_0 是设计常数, R_0 为上表面后缘线与 X 轴交点的 X 坐标, A_0 为抛物线的系数。

步骤三: 马赫数的离散配置。

首先,从给定的 ICC 上取出足够密的 n 个离散点,标号为 0: $n-1$。其中,从 ICC 的曲线段取出 m 个离散点,并分别记为离散点 0: $m-1$,离散点 $m-1$ 也即 ICC 的直线段与曲线段间的交界点;由于 ICC 边缘处曲率变化较大,为了更加精确地生成乘波飞行器的几何外形,如图 6.6 所示,本节将 ICC 的曲线段又分成两部分,对其边缘处进行加密取点;再从 ICC 的直线段取出 $n-m$ 个离散点,分别记为离散点 m: $n-1$。图 6.6 中 j 表示 ICC 曲线段上的任意一离散点。

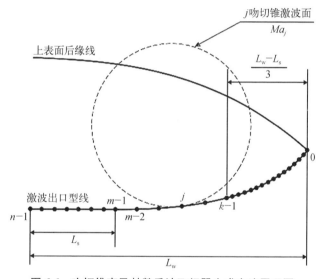

图 6.6　吻切锥变马赫数乘波飞行器生成方法原理图

然后,需要为各离散点处的吻切平面配置相应的离散马赫数。因此,将所给定的设计马赫数区间 $[Ma_{\min}, Ma_{\max}]$ 以等差数列分布规律进行离散,其具体过程为: 设离散点 1 的设计马赫数为 $Ma_{\min}$,离散点 $m-2$ 处的设计马赫数为 $Ma_{\max}$,则此过程中第 j 个离散点的设计马赫数为

$$Ma_j = Ma_{\min} + \frac{Ma_{\max} - Ma_{\min}}{m-3}(j-1), \quad 1 \leqslant j \leqslant m-2 \quad (6.12)$$

从而获得了 $m-2$ 个离散马赫数,分别记为 $Ma_1 \sim Ma_{m-2}$。如此离散设计马赫数区间,其原因有两点: 一是乘波飞行器的边缘点即离散点 0 的三维坐标已

经由设计参数确定,不需要在基准流场中进行流线追踪操作,因此不需要为其匹配设计马赫数;二是离散点 $m-1 \sim n-1$ 为 ICC 直线段上的点,然而 ICC 直线段上各点的设计马赫数需要与离散点 $m-2$ 的设计马赫数相一致,即从 ICC 直线段取出的离散点 $m-1 \sim n-1$ 的设计马赫数均为 Ma_{m-2}。 如此设置的原因是,考虑到前体与进气道一体化设计对进气道出口气流均匀性的要求,本节没有对 ICC 中的直线段进行变马赫数乘波构型设计,而是将直线段各离散点的设计马赫数保持一致。而且,为了实现乘波飞行器构型直线段部分与曲线段部分之间的光滑过渡,本节将 ICC 直线段各离散点设计马赫数均取为 Ma_{m-2}。

步骤四:求解基准流场。

一般来说,与任意 ICC 所对应的流场都是三维的,直接计算这种流场的工作量较大,这对于快速生成乘波飞行器来说是不利的,而这种利用激波形状反向计算流场的过程被由 Sobieczky 等所提出的吻切锥理论大大简化了。其实质是利用一系列吻切平面内的锥型流近似上述三维流动,从而提高了计算效率。其中吻切平面指的是过 ICC 上任意一点并且垂直于这个点切线方向的平面。而本方法的创新之处正是通过改变每个吻切平面内的锥形流场,从而给出生成吻切锥变马赫数乘波飞行器的三维基准流场。

根据 ICC 上每一离散点处相应的来流条件,在其吻切平面内进行局部锥型流的求解,当曲率半径无穷大,即对应为 ICC 的直线段部分时,当作二维流场处理。一系列的吻切平面内的锥型流场近似为设计吻切锥变马赫数乘波飞行器所需要的三维流场。这里对每个局部锥形流场的求解,既可以应用高超声速小扰动理论近似求解,也可以通过求解 Taylor-Maccoll 流动控制方程快速精确求解,本书利用高超声速小扰动理论进行近似求解。

步骤五:确定前缘线。

乘波飞行器前缘线位于激波面上,同时也是自由流面与激波面的交线。因此,在步骤三和步骤四的基础上,将上表面后缘线向上游投影,与各局部吻切圆锥相交,这些交点就组成了乘波飞行器的前缘曲线。

步骤六:设计下表面。

从前缘线上的点出发,在由步骤四所计算出的每一离散点的局部吻切锥流场内向下游流线追踪,直至与乘波飞行器的底面相交为止。在这一过程中,可生成与前缘线上的点所对应的流线,这些生成的流线就组成了乘波飞行器的下表面。

步骤七:设计上表面。

一般来说,乘波飞行器的上表面是与外流场方向平行的自由流面。沿着自由流线方向,从乘波飞行器前缘上各点出发追踪至圆锥底部,即可生成乘波飞行器的上表面。实际中,为了满足不同的需求,也可对乘波飞行器的上表面进行相应的改造工作。例如,对上表面进行等熵膨胀处理,可进一步提高乘波飞行器的升力,不过其缺点是会减小构型的容积率;而如果为了提高乘波飞行器的容积率,可把上表面设计成略微凸起的形状,其不足是会导致乘波飞行器升力降低。在下文设计中,会将上表面按自由流面处理。

至此,基于吻切锥理论的变马赫数宽速域乘波飞行器的设计过程完成。

6.2.2　设计参数选取

6.2.1 节中通过给定上表面后缘线,对吻切锥变马赫数宽速域乘波飞行器的设计方法进行了详细介绍。本节在选取设计曲线时,同样先给定乘波飞行器的上表面后缘线;然后,由上表面后缘线进行流线追踪来获得前缘线;最后,采用流线追踪法求解出吻切锥变马赫数宽速域乘波飞行器的下表面流线。

其具体过程可参考 6.2.1 节所叙述的吻切锥变马赫数乘波飞行器生成方法。在此基础上,本节获得了一应用实例。其设计马赫数区间被选取为 4 ~10,边缘处的吻切平面为低马赫数,中心处的吻切平面为高马赫数,基本锥半顶角为20°,其余的吻切锥变马赫数宽速域乘波飞行器设计参数由表 6.1 详细列出。如图 6.7 所示为吻切锥变马赫数宽速域乘波飞行器几何模型。

表 6.1　吻切锥变马赫数宽速域乘波飞行器设计参数表

设计马赫数	L_w/mm	L_s/mm	H_s/mm	R_0/mm	q
4~10	400	48	338	120	4

6.2.3　设计方法验证

图 6.8 给出了吻切锥变马赫数乘波飞行器在不同飞行状态下($H = 25$ km,$Ma = 4.0/6.0/8.0/10.0$，$\alpha = 0°$),底部横截面的无黏和有黏压力等值线云图对比,图中白色的虚线代表理论设计的激波出口型线形状和位置。通过对比,可以得出本节所设计的吻切锥变马赫数乘波飞行器具有以下特点。

(1) 对比每一幅图中的无黏与黏性流场,可以发现本节所进行的"变马赫数"设计对乘波飞行器周围流场压力的影响与黏性的影响类似,即数值仿真得到的激波位置或多或少地偏离了理论设计的激波位置,这与在定马赫数情况下

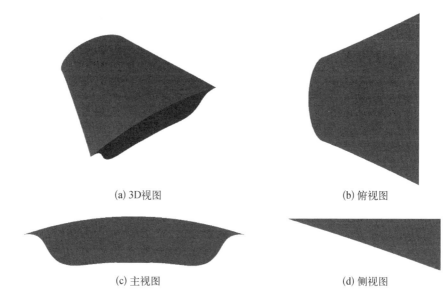

(a) 3D视图　　　　　　　　　　　　　　　(b) 俯视图

(c) 主视图　　　　　　　　　　　　　　　(d) 侧视图

图 6.7　吻切锥变马赫数宽速域乘波飞行器几何模型

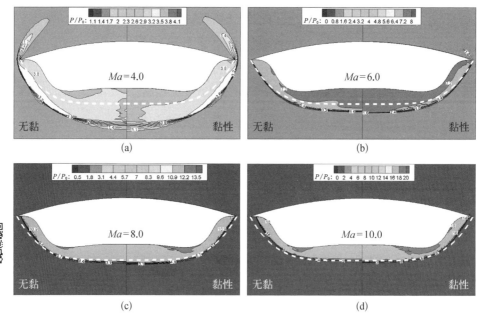

图 6.8　吻切锥变马赫数乘波飞行器不同飞行状态下的底部横截面无黏和有黏流场

进行的设计是不同的。其原因在于,变马赫数乘波飞行器不是在单一的马赫数
条件下进行设计的,而是利用一定范围内的马赫数进行设计,当处于某一飞行条
件时,在乘波飞行器的下表面流线组中势必会有一些流线的设计马赫数与飞行

马赫数偏离得较远,这使得此部分流线是在非设计马赫数下进行乘波,进而造成数值仿真得到的激波位置偏离理论设计的激波位置。

（2）通过对比四幅压力等值线云图,可以发现随着飞行马赫数的增加,数值仿真得到的中间处激波位置与理论设计的中间处激波位置是逐渐接近的,且在飞行马赫数为 10 时,吻合得最好。这主要是由于随着飞行马赫数的增加,每个局部吻切锥的激波角变小,数值仿真得到的中间处激波位置越来越靠近乘波飞行器的下表面,并在飞行马赫数为 10 时,与理论设计的中间处激波位置吻合得最好。这一特点即验证了本节所设计的吻切锥变马赫数乘波飞行器的合理性。

（3）对比四幅压力等值线云图,可以发现当处于高飞行马赫数时,数值模拟结果得到的激波位置和激波的理论设计位置在构型的中间处吻合得较好,而在其侧缘处则存在一定的偏离;当处于低飞行马赫数时,激波位置吻合情况与高飞行马赫数时相反。这主要是由于本节在进行吻切锥变马赫数乘波飞行器的设计时,在中间处匹配的是高设计马赫数,而在侧缘处进行的是低马赫数设计。这一特点进一步证实了本节所设计的吻切锥变马赫数乘波飞行器的正确性。

6.2.4　高速气动性能分析

6.2.4.1　气动性能计算策略的确定

组合动力飞行器典型飞行剖面如图 6.9 所示,其具有跨大空域、跨大马赫数等特点[243]。为了评估本节所设计的吻切锥变马赫数宽速域乘波飞行器的气动性能,需要选取不同的飞行状态点进行数值仿真。因此,本节选取爬升段和巡航飞行段两个飞行过程对所设计的宽速域乘波飞行器进行气动性能分析。具体如下。

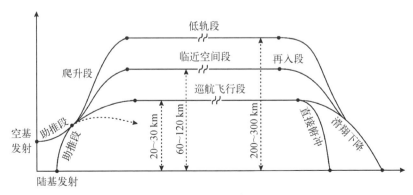

图 6.9　组合动力飞行器典型飞行剖面

1）爬升段

火箭基组合循环（RBCC）推进系统有效地组合了低比冲、高推重比的火箭发动机和高比冲、低推重比的吸气式发动机，有望作为未来空天飞行器的先进的动力系统[92]。与传统火箭动力不同的是，由于吸气原因，RBCC 发动机的性能与飞行环境息息相关。一般来说，在上升段过程中，以 RBCC 为动力的飞行器会采取等动压爬升方法进行飞行，其实质就是当飞行器到达一定的动压后，保持动压恒定进行加速和爬升。

鉴于上述实际应用背景，在爬升段，本节以等动压爬升方法为原则来进行飞行状态点的选取，对所设计的宽速域乘波飞行器在跨大空域情况下的气动性能进行分析。

在组合动力飞行器爬升飞行过程中，动压可表示为

$$q_\infty = \frac{1}{2}\rho_0 V_0^2 \tag{6.13}$$

式中，q_∞ 为动压；ρ_0 为飞行高度上的大气密度；V_0 为飞行器相对于大气的运动速度。

考虑

$$V_0 = c_0 Ma_0 \tag{6.14}$$

式中，Ma_0 为飞行器的飞行马赫数；c_0 为当地声速，其定义为

$$c_0 = \sqrt{\gamma R T_0} \tag{6.15}$$

式中，T_0 为飞行高度上的大气静温；γ 为比热比，其值取为 1.4；R 为气体常数，其值取为 287.06 J/(kg·K)。

将式（6.14）与式（6.15）代入式（6.13）中，有

$$Ma_0 = \sqrt{\frac{2q_0}{\gamma p_0}} \tag{6.16}$$

式中，p_0 表示飞行高度上的大气静压。

式（6.16）给出了气体动压、飞行高度与飞行马赫数之间的关系；利用式（6.16）可以求出，在某一飞行高度下满足给定气体动压要求时的组合动力飞行器的飞行马赫数。

文献[244]中以某 RBCC 飞行器的飞行情况为例，验证了文中所设计的等

动压爬升方法。在爬升段,此 RBCC 飞行器保持动压为 42 kPa 进行等动压爬升,其弹道初始条件包括初始高度(20.5 km)和初始速度(1 000 m/s)等信息。本节以此 RBCC 飞行器爬升段的弹道初始条件为基础,同时确保气体动压恒定为 42 kPa,攻角保持为 2.5°,分别选取飞行高度为 21 km/22 km/23 km/24 km/25 km 时的大气参数作为飞行状态来进行乘波飞行器爬升段的气动性能分析,具体选取的飞行状态可参考表 6.2。

表 6.2　爬升段的飞行条件

H/km	Ma	$\alpha/(°)$	p_0/kPa	q_0/kPa	T_0/K	c_0/(m/s)	V_0/(m/s)
21	3.562	2.5	4.728 9	41.999	217.58	295.7	1 053.29
22	3.850	2.5	4.047 5	42.001	218.57	296.38	1 141.12
23	4.160	2.5	3.466 9	41.999	219.57	297.05	1 235.76
24	4.493	2.5	2.971 7	42	220.56	297.72	1 337.77
25	4.851	2.5	2.549 2	42	221.55	298.39	1 447.63

2) 巡航飞行段

为了分析所设计的乘波飞行器在巡航飞行状态下的气动性能,本节选取了包括吻切锥变马赫数乘波飞行器设计马赫数区间内的马赫数点(4/6/8/10)、同容积率吻切锥定马赫数乘波飞行器的设计马赫数(11.08)及非设计马赫数(12)作为飞行马赫数,同时飞行高度保持在 25 km,在不同攻角下(-2°/0°/2°/4°/6°/8°/10°)对乘波飞行器的气动性能进行数值仿真分析。

6.2.4.2　吻切锥定、变马赫数乘波飞行器气动性能对比分析

在对气动性能进行具体分析之前,需要说明的是,与典型的高超声速乘波飞行器相比,本节所设计的吻切锥定、变马赫数乘波飞行器是"短"(相对于其宽度),这使得它们的升阻比数值较低。其中主要原因是设计过程中基准流场的选取。在本节的设计过程中,选取的产生圆锥激波流场的基本圆锥体的半顶角为 20°,这使得大激波角的圆锥激波流场(相对于高超声速流动)被用于乘波飞行器的设计过程中,这一情况在文献[245]中也有所涉及。

但如此低升阻比的情况不会对本节的结论有任何影响,因为本节所采取的是吻切锥定、变马赫数乘波飞行器的对比分析,且其产生基准流场的基本圆锥体相同,所以本节仅是吻切锥定、变马赫数乘波飞行器整体升阻比的降低。对其他具有更高升阻比的乘波飞行器来说,本节的结论同样成立。

在下面的分析过程中所给出的气动性能参数均是对乘波飞行器进行黏性分析所得到的,且所给出的升阻比参数均是未考虑底阻的。

1)爬升段

图6.10给出了吻切锥定变马赫数乘波飞行器在爬升段飞行过程中的气动性能对比情况。从图6.10(a)和(b)中可以看出,在爬升段飞行过程中,吻切锥定、变马赫数乘波飞行器的升力系数、阻力系数与升阻比均随着飞行高度的增加而降低。而且,吻切锥定马赫数乘波飞行器的升力系数与阻力系数均高于吻切锥变马赫数乘波飞行器。这意味着在爬升段飞行过程中,吻切锥变马赫数乘波飞行器具有更小的阻力,同时吻切锥定马赫数乘波飞行器具有更优的升力特性。

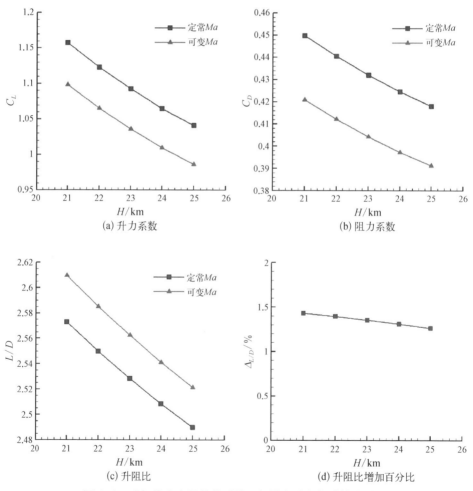

图**6.10** 吻切锥定变马赫数乘波飞行器爬升段气动性能对比

从图 6.10(c)中可以看出,虽然在整个爬升段,吻切锥定马赫数乘波飞行器所受的升力与阻力均高于吻切锥变马赫数乘波飞行器,但由于其阻力的增加更大,其升阻比小于吻切锥变马赫数乘波飞行器。

如图 6.10(d)所示,为了定量分析在爬升段飞行过程中,两种乘波飞行器构型升阻比之间的差异,本节计算了每一飞行高度下,吻切锥变马赫数乘波飞行器的升阻比相较于吻切锥定马赫数乘波飞行器的增加百分比。从图中可以看出,在整个爬升段,吻切锥变马赫数乘波飞行器的升阻比均超过吻切锥定马赫数乘波飞行器 1.5%左右。这既体现了吻切锥变马赫数乘波飞行器在每一飞行高度下气动性能的优越性,也展示出了其在爬升段具有更好的宽速域特性。

2)巡航段

为了更加清晰地对比吻切锥定变马赫数乘波飞行器在巡航飞行过程中的气动性能的差异,本节选取了 4.0/8.0/11.08 三种飞行马赫数下的气动数据进行对比分析。如图 6.11 所示,给出了吻切锥定、变马赫数乘波飞行器巡航段时的气动性能对比情况。从图中可以看出,无论是吻切锥定马赫数乘波飞行器还是吻切锥变马赫数乘波飞行器,在同一攻角下,升力系数、阻力系数等无量纲量均随着飞行马赫数的增加而越来越趋于一致,其原因是无黏高超声速流动满足马赫数无关原理。

由图 6.11(a)、(b)与(d)可以看出,在巡航段中的大部分飞行条件下(即不同的飞行马赫数与飞行攻角),吻切锥定马赫数乘波飞行器的升力系数与阻力系数均大于吻切锥变马赫数乘波飞行器,但其升阻比却较小,这一点与爬升段时

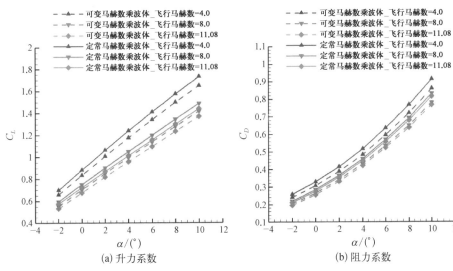

(a) 升力系数　　　　　　　　　　(b) 阻力系数

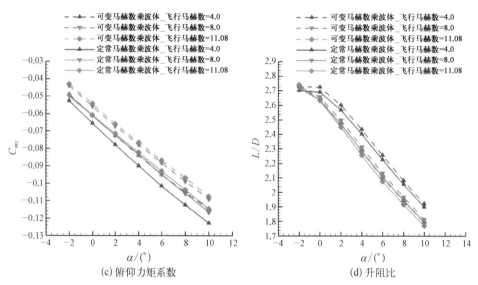

(c) 俯仰力矩系数   (d) 升阻比

图 6.11 吻切锥定变马赫数乘波飞行器巡航段气动性能对比

的情况相同。

如图 6.12 所示,为了定量分析在巡航段飞行过程中两种乘波飞行器构型升阻比之间的差异,本节计算了每一飞行条件下,吻切锥变马赫数乘波飞行器的升阻比相较于吻切锥定马赫数乘波飞行器的升阻比增加百分比。由图 6.12 可以

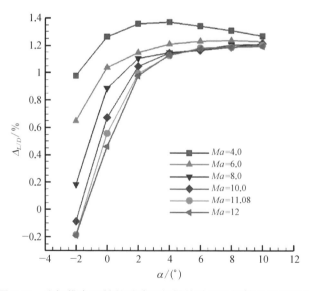

图 6.12 吻切锥变马赫数乘波飞行器的升阻比相较于吻切锥定马赫数乘波飞行器的升阻比增加百分比

看出,除了攻角为$-2°$,飞行马赫数为 10、11.08 与 12 三种飞行工况外,在巡航段,吻切锥变马赫数乘波飞行器的升阻比均高于吻切锥定马赫数乘波飞行器。这说明了在整个巡航飞行过程中,吻切锥变马赫数乘波飞行器具有更加优越的气动性能。

从图 6.12 还可看出,在同一飞行马赫数下,吻切锥定变马赫数乘波飞行器升阻比的增加百分比随着攻角的增加,其增长速度逐渐趋缓。除此之外,在同一攻角下,随着飞行马赫数的减小,其升阻比增加百分比逐渐变大。这说明相较于吻切锥定马赫数乘波飞行器而言,吻切锥变马赫数乘波飞行器在保持高速气动性能提升的同时,在低速方面具有更加明显的气动性能提升。

同时,结合图 6.11(d)可以看出,对于吻切锥定变马赫数乘波飞行器在三种不同的飞行马赫数下的升阻比来说,吻切锥变马赫数乘波飞行器在飞行马赫数为 4.0 时的升阻比参数最大。这说明与吻切锥定马赫数乘波飞行器相比,吻切锥变马赫数乘波飞行器在保持高速气动性能的同时具有更加优越的低速气动性能,这意味着吻切锥变马赫数乘波飞行器技术拓宽了其飞行速域,为宽速域大空域飞行器的气动设计奠定了良好的基础。

6.3　吻切锥涡升宽速域乘波飞行器设计方法

自从吻切锥乘波飞行器设计方法提出以来,考虑到乘波飞行器不同的应用需求,人们对其设计方法进行了广泛的拓展,得到了许多有价值的规律,其中包括调整或修改吻切锥乘波飞行器的激波出口型线(ICC)与流动捕获管(FCT)。而所谓的吻切锥定后掠角乘波飞行器就是通过修改 ICC 与 FCT,进而利用流线追踪方法所设计出来的。文献[248]给出了在一般的吻切锥乘波飞行器设计方法基础上设计出具有一定后掠角的直线前缘所需要满足的设计原则。本节通过讨论设计曲线之间的几何关系式,给出了设计参数与乘波飞行器外形之间的关系,进而给出了三角翼布局乘波飞行器和尖头乘波飞行器的设计方法。

6.3.1　设计方法

6.3.1.1　三角翼布局乘波飞行器的设计方法

吻切锥乘波飞行器设计方法是一种反设计方法,其主要目的是便于与进气道进行一体化设计[249]。而在吻切锥乘波飞行器设计方法中,ICC 与 FCT 是两条

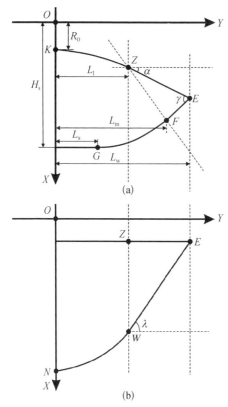

图 6.13　三角翼布局乘波
飞行器设计几何图

重要的设计输入曲线。本章分别采用式(6.10)与式(6.11)作为吻切锥乘波飞行器的 ICC 与 FCT 基本形式；如图 6.5 所示，吻切锥乘波飞行器的 ICC 由中间位置处的直线与两侧的幂函数曲线所组成，而 FCT 由一抛物曲线构成。

图 6.13 给出了三角翼布局乘波飞行器的设计参数与外形控制参数之间对应的几何关系。三角翼布局乘波飞行器的 FCT 由左侧的抛物线曲线段与右侧的直线段所组成，其中直线与抛物线曲线段在 Z 点相切；其 ICC 由左侧平行于 Y 轴的直线、中间的幂函数曲线段及右侧倾斜的直线段组成，且幂函数曲线段分别在 G 点和 F 点与两条直线相切。FCT 与 ICC 在 E 点相交，ZF 垂直于 EF。

由此可得出，三角翼布局乘波飞行器的进气捕获曲线 ICC 可以表示为

$$x = \begin{cases} H_s, & 0 \leqslant y \leqslant L_s \\ -a(y - L_s)^q + H_s, & L_s < y < L_m \\ \tan(\pi - \gamma + \alpha)(y - L_m) - a(L_m - L_s)^q + H_s, & L_m \leqslant y \leqslant L_w \end{cases} \tag{6.17}$$

其中，H_s 为直线段的 X 坐标，其值可由乘波飞行器设计厚度确定；L_s 为左侧平行于 Y 轴的直线段长度；L_m 为点 F 的 Y 坐标；L_w 为乘波飞行器设计宽度的一半；a 为激波出口型线方程系数；q 为激波出口型线方程指数；γ 为倾斜直线 EF 与 FCT 的夹角；α 为直线 ZE 的倾斜角。

其 FCT 可表示为

$$x = \begin{cases} R_0 + A_0 y^2, & 0 \leqslant y < L_l \\ (y - L_l)\tan\alpha + (R_0 + A_0 L_l^2), & L_l \leqslant y \leqslant L_w \end{cases} \tag{6.18}$$

其中, R_0 与 A_0 是设计常数, R_0 为 FCT 与 X 轴交点 K 的 X 坐标, A_0 为抛物线的系数; L_1 为 Z 点的横坐标。除此之外, FCT 还有另一种表达方式:

$$x = \begin{cases} R_0 + A_0 y^2, & 0 \leqslant y < L_1 \\ (y - L_w)\tan\alpha + \tan(\pi - \gamma + \alpha)(L_w - L_m) - a(L_m - L_s)^4 + H_s, & L_1 \leqslant y \leqslant L_w \end{cases}$$

$$(6.19)$$

由于设计输入曲线的复杂性,上述设计参数之间存在着一定的约束关系。为了便于三角翼布局乘波飞行器的设计,本节对其设计输入曲线进行了几何特征分析,给出了设计参数之间的几何约束关系。

1) 角度关系

如图 6.13 所示,定义三角翼布局乘波体的后掠角为 λ。在三角形 ZEF 与 ZEW 中分别有

$$\sin\gamma = \frac{ZF}{ZE}$$

$$\tan\gamma = \frac{ZW}{ZE\cos\alpha}$$

根据吻切锥乘波飞行器设计原理有

$$ZW = \frac{ZF}{\tan\beta}$$

其中, β 是三角翼布局乘波飞行器的激波角。

根据上述三角关系,可以得出设计角度参数之间的关系为

$$\sin\gamma = \cos\alpha\tan\beta\tan\lambda \qquad (6.20)$$

通过这一角度关系,我们可以设计出具有给定后掠角的三角翼布局乘波飞行器。

2) 相切关系

FCT 中倾斜的直线与抛物线部分相切于点 Z:

$$x'(L_1) = 2A_0 L_1 = \tan\alpha \qquad (6.21)$$

ICC 中倾斜的直线与幂函数曲线部分相切于点 F:

$$\tan(\pi - \gamma + \alpha) = -4\alpha(L_m - L_s)^3 \qquad (6.22)$$

3) 垂直关系

直线 ZF 垂直于 FE:

$$L_{\mathrm{m}} = L_{\mathrm{w}} - \left[\frac{L_{\mathrm{w}} - L_{1}}{\cos\alpha}\cos\gamma\cos(r - \alpha)\right] \tag{6.23}$$

4）端点条件

ICC 与 FCT 相交于点 E：

$$\tan(\pi - \gamma + \alpha)(L_{\mathrm{w}} - L_{\mathrm{m}}) - a(L_{\mathrm{m}} - L_{\mathrm{s}})^{4} + H_{\mathrm{s}}$$
$$= (L_{\mathrm{w}} - L_{1})\tan\alpha + R_{0} + A_{0}L_{1}^{2} \tag{6.24}$$

通过上述的讨论，可以给出生成三角翼布局乘波飞行器设计参数的流程图，如图 6.14 所示。

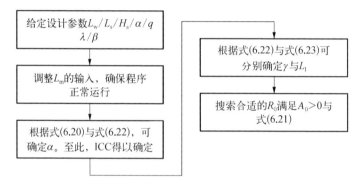

图 6.14　确定三角翼布局乘波飞行器设计参数的流程图

6.3.1.2　尖头乘波飞行器的设计方法

尖头乘波飞行器的设计方法与三角翼布局乘波体相似。如图 6.15 所示，尖头乘波飞行器的 FCT 由左侧的倾斜直线与右侧的抛物曲线组成，其中直线与抛物曲线相切于点 Z；ICC 由左侧平行于 Y 轴的直线和右侧的幂函数曲线组成，其中直线与幂函数曲线相切于点 G；FCC 与 ICC 相交于 E 点。

由此可得出尖头乘波飞行器的进气捕获曲线 ICC：

$$x = \begin{cases} H_{\mathrm{s}}, & 0 \leqslant y \leqslant L_{\mathrm{s}} \\ -a(y - L_{\mathrm{s}})^{q} + H_{\mathrm{s}}, & L_{\mathrm{s}} < y \leqslant L_{\mathrm{w}} \end{cases} \tag{6.25}$$

其中，H_{s} 为直线段的 X 坐标，其值可由乘波飞行器设计厚度确定；L_{s} 为直线段长度；a 为激波出口型线方程系数；q 为激波出口型线方程指数；L_{w} 为乘波飞行器设计宽度的一半。

尖头乘波体 FCT 可表示为

$$x = \begin{cases} R_0 + A_0 y^2, & 0 \leqslant y \leqslant L_s \\ \tan \alpha g x + R_0 + & \\ A_0 L_s^2 - \tan \alpha g L_s, & L_s < y \leqslant L_w \end{cases}$$

$$(6.26)$$

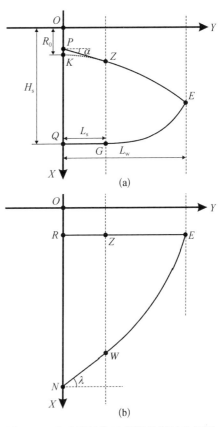

其中，R_0 与 A_0 是设计常数，R_0 为 FCT 中抛物曲线段与 X 轴交点 K 的 X 坐标，A_0 为抛物线的系数。

在尖头乘波飞行器的设计输入曲线之间也存在一定的几何约束关系。

1）角度关系

如图 6.15 所示，定义三角翼布局乘波飞行器的后掠角为 λ，设计激波角为 β。观察梯形 $PQZG$，可有如下关系式：

$$\tan \alpha = \frac{PQ - ZG}{L_s}$$

由梯形 $RZWN$ 可得如下关系条件：

$$\tan \lambda = \frac{RN - ZW}{L_s} = \frac{\dfrac{PQ}{\tan \beta} - \dfrac{ZG}{\tan \beta}}{L_s}$$

图 6.15　尖头乘波体飞行器的设计几何图

最终可得出设计参数中各角度之间的关系：

$$\tan \lambda = \frac{\tan \alpha}{\tan \beta} \tag{6.27}$$

2）相切关系

FCT 中倾斜的直线与抛物曲线相切于点 Z，则有

$$x'(L_s) = 2A_0 L_s = \tan \alpha \tag{6.28}$$

3）端点条件

ICC 与 FCT 相交于点 E：

$$R_0 + A_0 L_w^2 = -\alpha (L_w - L_s)^4 + H_s \tag{6.29}$$

在上述几何约束关系的基础上，首先给定 $L_w / L_s / H_s / \alpha / q / \beta / \lambda$ 设计参数，然

后由角度关系中的式(6.27)求出 FCT 中倾斜直线 PZ 的倾斜角 α;再由式(6.28)可得出 FCT 中抛物曲线的系数 A_0;最后,由式(6.29)可求出 R_0。 至此,尖头乘波飞行器的设计输入曲线即可确定,利用基本的吻切锥乘波飞行器生成方法即可设计出带有尖头的吻切锥乘波飞行器。

6.3.2 设计参数选取

利用 6.3.1 节中所给出的吻切锥三角翼布局乘波飞行器设计方法,得到了一应用实例。其设计马赫数为 8,基本锥半顶角为 20°,其余的吻切锥三角翼布局乘波飞行器的设计参数由表 6.3 详细列出。如图 6.16 所示为吻切锥三角翼布局乘波飞行器的几何模型。

表 6.3　吻切锥三角翼布局乘波飞行器设计参数表

设计马赫数	L_w/mm	L_s/mm	H_s/mm	λ/(°)	α/(°)	R_0/mm	L_1/mm	q
8	400	48	338	60	18.9	152.8	218.8	4

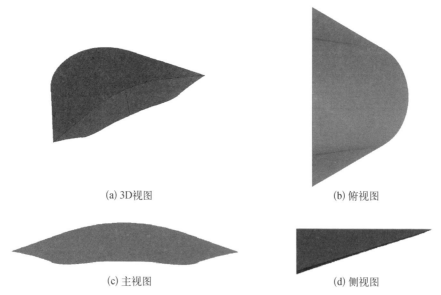

(a) 3D视图　　　　　　　　　　　　(b) 俯视图

(c) 主视图　　　　　　　　　　　　(d) 侧视图

图 6.16　吻切锥三角翼布局乘波飞行器的几何模型

根据 6.3.1.2 节中所给出的吻切锥尖头乘波飞行器设计方法,我们得到了设计马赫数为 3.86 的吻切锥尖头乘波飞行器构型,其设计参数由表 6.4 详细列出。如图 6.17 所示为吻切锥尖头乘波飞行器的几何模型。

表 6.4　吻切锥尖头乘波飞行器设计参数表

设计马赫数	L_w/mm	L_s/mm	H_s/mm	λ/(°)	α/(°)	A_0	a	q
3.86	400	148	338	45	26.5	1.68×10^{-3}	10^{-8}	4

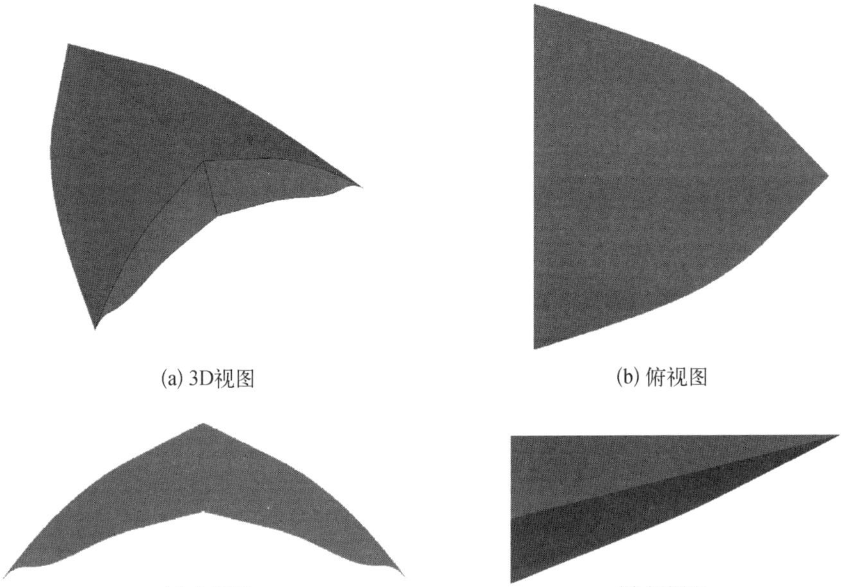

(a) 3D视图　　　　　　　　　(b) 俯视图

(c) 主视图　　　　　　　　　(d) 侧视图

图 6.17　吻切锥尖头乘波飞行器的几何模型

6.3.3　设计方法验证

为了验证所提出的乘波飞行器设计方法的正确性,本节将分别对吻切锥三角翼布局乘波飞行器、吻切锥尖头乘波飞行器在其各自的设计点状态进行数值仿真计算。

图 6.18(a)给出了吻切锥三角翼布局乘波飞行器在设计点状态($H = 25$ km,$Ma = 8.0$,$\alpha = 0°$)下,底部横截面的无黏和有黏压力等值线云图对比,图中红色的虚线代表理论设计的激波出口型线形状和位置。从设计点状态下的无黏流场中可以看出,理论设计的激波曲线和 CFD 模拟结果拟合得很好,且高压气流严格限制在下表面。这验证了本节所提出的三角翼布局乘波飞行器设计方法的正确性。在图中右侧的黏性流场中,边界层的存在导致激波位置的数值模拟结果向下轻微地偏离了设计位置。

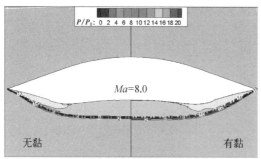

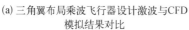

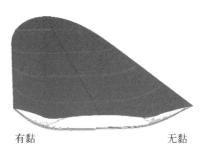

$Ma=8.0$

无黏　　　　　　　有黏

(a) 三角翼布局乘波飞行器设计激波与CFD
模拟结果对比

有黏　　　　　　　无黏

(b) 三角翼布局乘波飞行器下表面
无黏和有黏等压线对比

图 6.18　吻切锥三角翼布局乘波飞行器在设计点状态下的无黏和有黏流场对比

图 6.18(b)给出了吻切锥三角翼布局乘波飞行器在设计点状态($H=25\ \text{km}$，$Ma=8.0$，$\alpha=0°$)，下表面的无黏和有黏等压线对比。从图中可以看出，激波整体附着在前缘，限制了流场在前缘处的泄漏。这进一步证明了本节所设计的三角翼布局乘波飞行器设计方法的正确性。

图 6.19 给出了吻切锥尖头乘波飞行器在设计点状态下($H=25\ \text{km}$，$Ma=3.86$，$\alpha=0°$)的无黏和有黏流场对比。从图 6.19 中可以看出，它们的对比情况与图 6.18 类似，从而验证了本节所采用的吻切锥尖头乘波飞行器设计过程的正确性。

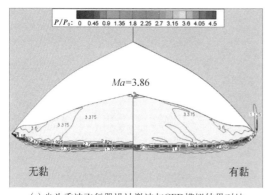

$Ma=3.86$

无黏　　　　　　　有黏

(a) 尖头乘波飞行器设计激波与CFD模拟结果对比

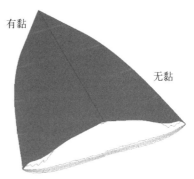

有黏

无黏

(b) 尖头乘波飞行器下表面无黏和
有黏等压线对比

图 6.19　吻切锥尖头乘波飞行器在设计点状态下的无黏和有黏流场对比

6.3.4　高速气动性能分析

6.3.4.1　高速气动性能优势分析

为了分析所设计的定后掠角乘波飞行器高速气动性能，本节选取了尖头乘

波飞行器、普通吻切锥乘波飞行器和三角翼布局乘波飞行器的设计马赫数
(3.86/4.4/8.0)及非设计马赫数(3.0/4.0/10.0)作为飞行马赫数,同时飞行高度
保持在 25 km,在不同攻角下(-2°/0°/2°/4°/6°/8°/10°)对所设计乘波飞行器的
高速气动性能进行数值仿真分析。

　　图 6.20 给出了三种吻切锥乘波飞行器在不同飞行马赫数下的高速气动性
能情况。从图中可以看出,在同一飞行马赫数下,三种吻切锥乘波飞行器的升力
系数与阻力系数均随攻角的增加而增大,而其升阻比随攻角的增大而减小;在不
同的飞行马赫数下,三种吻切锥乘波飞行器气动性能的相对变化趋势是相同的,

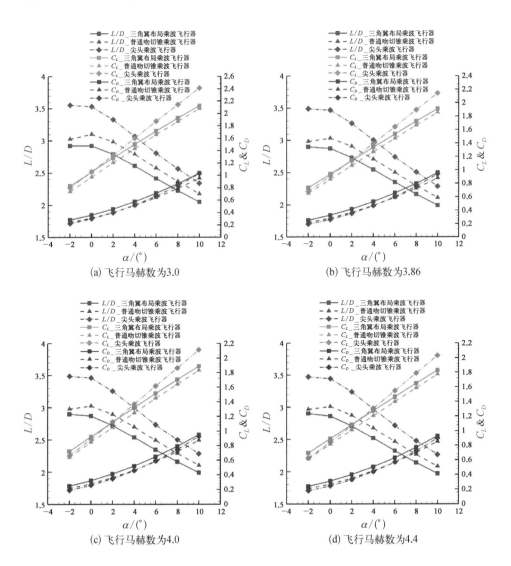

(a) 飞行马赫数为3.0 (b) 飞行马赫数为3.86

(c) 飞行马赫数为4.0 (d) 飞行马赫数为4.4

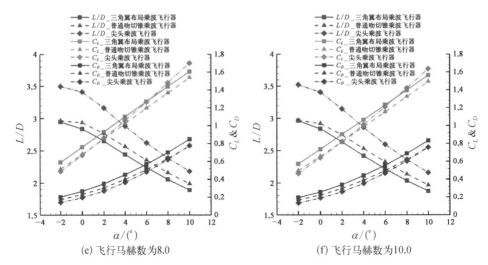

(e) 飞行马赫数为8.0 　　　　　　　　(f) 飞行马赫数为10.0

图 6.20 两种吻切锥涡升宽速域乘波飞行器与普通吻切锥乘波飞行器
对比模型高速气动性能随攻角的变化

其中尖头乘波飞行器的升阻比大于普通吻切锥乘波飞行器,而三角翼布局乘波飞行器的升阻比小于普通吻切锥乘波飞行器,这说明乘波飞行器前缘线中直线部分所处的不同位置会对乘波飞行器的高速气动性能产生不同的影响。

由于在不同的飞行马赫数下,三种吻切锥乘波飞行器气动性能的相对变化趋势相同,因此选取飞行马赫数为8.0时的气动性能进一步对三者的气动特性进行分析。从图6.20(e)中可以看出,尖头乘波飞行器的升阻比一直高于普通吻切锥乘波飞行器,且其差值随着攻角的增加而逐渐减小。这主要是由于:在小攻角时,两者的升力系数虽然比较接近,但尖头乘波飞行器的阻力系数较小;在大攻角时,尖头乘波飞行器的升力系数大于普通吻切锥乘波体;同时两者的阻力系数逐渐接近。

从图6.20(e)中进一步分析三角翼布局乘波飞行器与普通吻切锥乘波飞行器气动特性差异可以发现,在不同的攻角下,三角翼布局乘波飞行器的升阻比一直较低。主要原因是,虽然三角翼布局乘波飞行器的升力系数一直大于普通吻切锥乘波飞行器,但其阻力系数更大,从而导致三角翼布局乘波飞行器的升阻比较差。

如图6.21所示,为了定量分析尖头乘波飞行器/三角翼布局乘波飞行器与普通吻切锥乘波飞行器升阻比之间的差异,本节计算了每一飞行条件下,尖头乘波飞行器/三角翼布局乘波飞行器的升阻比相较于普通吻切锥乘波飞行器的增加百分比。由图6.21(a)可以看出,在同一飞行马赫数时,尖头乘波飞行器的升阻比相较于普通吻切锥乘波飞行器的升阻比增加百分比随着攻角的增加而减小,这意味着随着攻角的增加,尖头乘波飞行器的高速气动性能优势在减弱;在同一攻角时,升阻比增加百分比随着飞行马赫数的增加而增大,这表明尖头乘波飞行器的气动性能优势在高速时更明显。

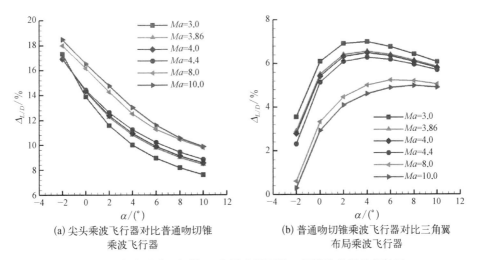

(a) 尖头乘波飞行器对比普通吻切锥　　　　　(b) 普通吻切锥乘波飞行器对比三角翼
　　乘波飞行器　　　　　　　　　　　　　　　布局乘波飞行器

**图 6.21　尖头乘波飞行器/三角翼布局乘波飞行器的升阻比相较于
普通吻切锥乘波飞行器的升阻比增加百分比**

此外,在飞行马赫数为 8.0 与 10.0 时,尖头乘波飞行器在不同攻角下的升阻比均超过普通吻切锥乘波飞行器 10%;在飞行马赫数为 4.4 以下时,其升阻比增加百分比也均在 6% 以上。这既体现了尖头乘波飞行器在每一飞行条件下气动性能的优越性,也展示出了其在高速飞行条件下具有更好的宽速域特性。

由图 6.21(b) 可以看出,在不同的飞行条件下,普通吻切锥乘波飞行器的升阻比均高于三角翼布局乘波飞行器。除此之外,在同一飞行马赫数下,普通吻切锥乘波飞行器相较于三角翼布局乘波飞行器升阻比增加百分比随着攻角的增加先增大后减小。这表示相较于普通吻切锥乘波飞行器而言,三角翼布局乘波飞行器在小攻角与大攻角的情况下,其气动性能下降较弱;而且,在同一攻角下,随着飞行马赫数的减小,其升阻比增加百分比逐渐变大。这意味着相较于普通吻切锥乘波飞行器而言,三角翼布局乘波飞行器的低速气动性能更差。

6.3.4.2　高速气动性能差异初步探讨

为探究本节所设计的两种吻切锥涡升宽速域乘波飞行器和同容积率的普通吻切锥乘波飞行器在高速范围内的气动性能差异的原因,本部分将对这三种吻切锥乘波飞行器的流场特性进行分析。而且,由于这三种乘波飞行器在不同的飞行马赫数下各气动性能参数具有相同的变化趋势,所以本节以飞行马赫数 8.0 为代表,对三种乘波飞行器的流场特性进行分析。

1)吻切锥尖头乘波飞行器与普通吻切锥乘波飞行器

根据上文的分析,我们知道在每一飞行马赫数和飞行攻角下,吻切锥尖头乘波飞行器的升阻比均大于普通吻切锥乘波飞行器。因此,我们需要从构型的角度对两者的升阻比差异进行分析。如图 6.22 所示,本节对比了吻切锥尖头乘波飞行器与普通吻切锥乘波飞行器在对称面处构型的差异。可以明显地看出,吻切锥尖头乘波飞行器上、下表面的夹角小于普通吻切锥乘波飞行器上、下表面的夹角。除此之外,利用 SOLIDWORKS 软件,可以计算出对称面处吻切锥尖头乘波飞行器上、下表面夹角的正切值为 0.247 1;普通吻切锥乘波飞行器上、下表面夹角的正切值为 0.262 6。综上所述,我们可以定性地认为吻切锥尖头乘波飞行器比普通吻切锥乘波飞行器"更薄"一些。因此,吻切锥尖头乘波飞行器具有更高数值的升阻比。

图 6.22　吻切锥尖头乘波飞行器与普通吻切锥乘波飞行器对称面处构型对比

关于吻切锥尖头乘波飞行器与普通吻切锥乘波飞行器的阻力系数变化情况,我们可以从图 6.20 中得出以下两个结论。

(a)当飞行马赫数较小时,吻切锥尖头乘波飞行器与普通吻切锥乘波飞行器在小攻角下的阻力系数比较接近,而在大攻角下的阻力系数相差较大,且吻切锥尖头乘波飞行器的阻力系数较小。

(b)当飞行马赫数较大时,吻切锥尖头乘波飞行器与普通吻切锥乘波飞行器在小攻角下的阻力系数相差较大,且吻切锥尖头乘波飞行器的阻力系数较小,而在大攻角时,两者的阻力系数较为接近。

　　在上述关于阻力系数变化情况的结论中,由于结论(a)与结论(b)的原理相似,所以我们只需对结论(b)的原理进行解释说明即可。图 6.23 分别给出了吻切锥尖头乘波飞行器与普通吻切锥乘波飞行器在飞行马赫数为 8.0,攻角为 0°时各自的中截面处的压力系数分布;图 6.24 分别给出了吻切锥尖头乘波飞行器与普通吻切锥乘波飞行器在飞行马赫数为 8.0,攻角为 0°时各自下表面压力系数等值线云图,且两个压力系数等值线云图中压力系数层级的设置相同。对比吻切锥尖头乘波飞行器(普通吻切锥乘波飞行器)的中截面压力系数分布图与

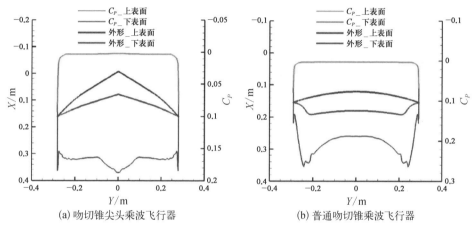

(a) 吻切锥尖头乘波飞行器　　　　　　　(b) 普通吻切锥乘波飞行器

图 6.23　吻切锥尖头乘波飞行器与普通吻切锥乘波飞行器的中截面压力系数分布

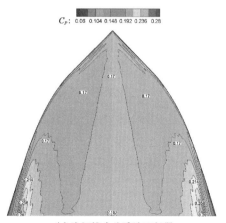
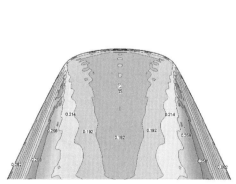

(a) 吻切锥尖头乘波飞行器　　　　　　　(b) 普通吻切锥乘波飞行器

图 6.24　吻切锥尖头乘波飞行器与普通吻切锥乘波飞行器下表面压力系数等值线云图

下表面压力系数等值线云图可以发现,中截面处的压力系数分布情况在乘波飞行器的各截面处均具有代表性。所以,此处及本文的后面部分均以乘波飞行器的中截面处的压力系数分布情况来对乘波飞行器在各流场中的压力情况进行分析与对比。

从图 6.23 可以看出,吻切锥尖头乘波飞行器与普通吻切锥乘波飞行器的下表面压强均高于上表面压强。其中,两者的上表面压强分布均匀,与来流静压相等。吻切锥尖头乘波飞行器的下表面压力分布出现中间高、两边低的特征,而普通吻切锥乘波飞行器的下表面压力分布却出现中间低、两边高的特征。除此之外,在靠近前缘的地方,两者的压力分布均有一定的波动,这说明乘波飞行器前缘对流动是有影响的。对比图 6.23 中的(a)与(b),可以发现两者的压力分布差异仅存在于下表面,且吻切锥尖头乘波飞行器的下表面压力小于普通吻切锥乘波飞行器。这表明吻切锥尖头乘波飞行器处的激波强度小于普通吻切锥乘波飞行器的,即吻切锥尖头乘波飞行器的波阻小于普通吻切锥乘波飞行器的。而在高速范围内,乘波飞行器的阻力主要由波阻决定,所以吻切锥尖头乘波飞行器在大飞行马赫数、小攻角下的阻力系数小于普通吻切锥乘波飞行器的。除此之外,还有另一个因素,即如前文所述,比起普通吻切锥乘波飞行器,吻切锥尖头乘波飞行器的构型"更薄"一些,且其下表面处的压力更小一些,所以吻切锥尖头乘波飞行器在阻力方向上的压力分量较小,因而其在大飞行马赫数、小攻角下具有更小的阻力系数。

图 6.25 给出了飞行马赫数为 8.0、攻角为 10°时吻切锥尖头乘波飞行器与普

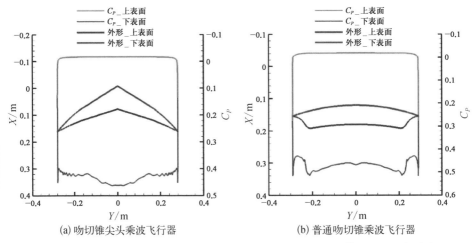

(a) 吻切锥尖头乘波飞行器   (b) 普通吻切锥乘波飞行器

图 6.25 吻切锥尖头乘波飞行器与普通吻切锥乘波飞行器中截面压力系数分布

通吻切锥乘波飞行器中截面处的压力系数分布情况。从图中可以看出,吻切锥尖头乘波飞行器与普通吻切锥乘波飞行器上表面处的压力大小相同,而且两者下表面处的压力大小比较接近,所以两者的波阻相差不大,而且由于在高速范围中,乘波飞行器的阻力主要来源于波阻,所以在飞行马赫数较大、攻角较大时,吻切锥尖头乘波飞行器与普通吻切锥乘波飞行器的阻力系数比较接近。

涡的产生在于流体遭遇突变或静止流动突然被扰动。旋涡的出现可以使得飞行器获得额外的升力。根据 Miller 和 Wood 的研究[246],增强涡升力有两种方法,在给定马赫数的情况下增加攻角,或者增加前缘后掠角。能够利用涡效应的乘波体构型被称为"涡升乘波体"。图 6.26 单独给出了当飞行马赫数为 8.0 时,吻切锥尖头乘波飞行器与普通吻切锥乘波飞行器的升力系数随攻角的变化曲线。由图 6.26(a)可以看出,吻切锥尖头乘波飞行器的升力系数曲线在 6° 攻角之后呈现出明显的非线性增加趋势,而这种非线性增升在 $\alpha = 10°$ 时有接近 8% 的升力增加,效果非常可观;而从图 6.26(b)中可以看出,普通吻切锥乘波飞行器的升力系数曲线几乎是线性变化的,没有表现出明显的非线性增升现象。

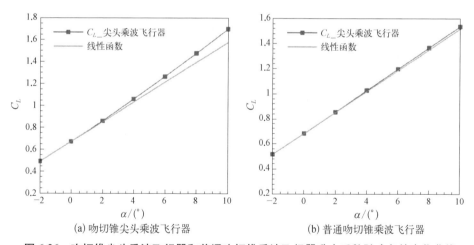

(a)吻切锥尖头乘波飞行器　　　　　(b)普通吻切锥乘波飞行器

图 6.26　吻切锥尖头乘波飞行器和普通吻切锥乘波飞行器升力系数随攻角的变化曲线

图 6.27 给出了当飞行马赫数为 8.0,飞行攻角分别为 0°/4°/8°/12°时,吻切锥尖头乘波飞行器上表面的压力分布情况。为了确保图与图之间准确地对比,各压力分布图均使用相同的颜色图。可以清楚地看出,随着飞行攻角的增加,涡效应逐渐增强,由涡诱导的低压区域逐渐增大,上表面压力减小,这也带来了较大的非线性升力增加[247,248]。但是在高超声速范围内,飞行器上表面的分离情

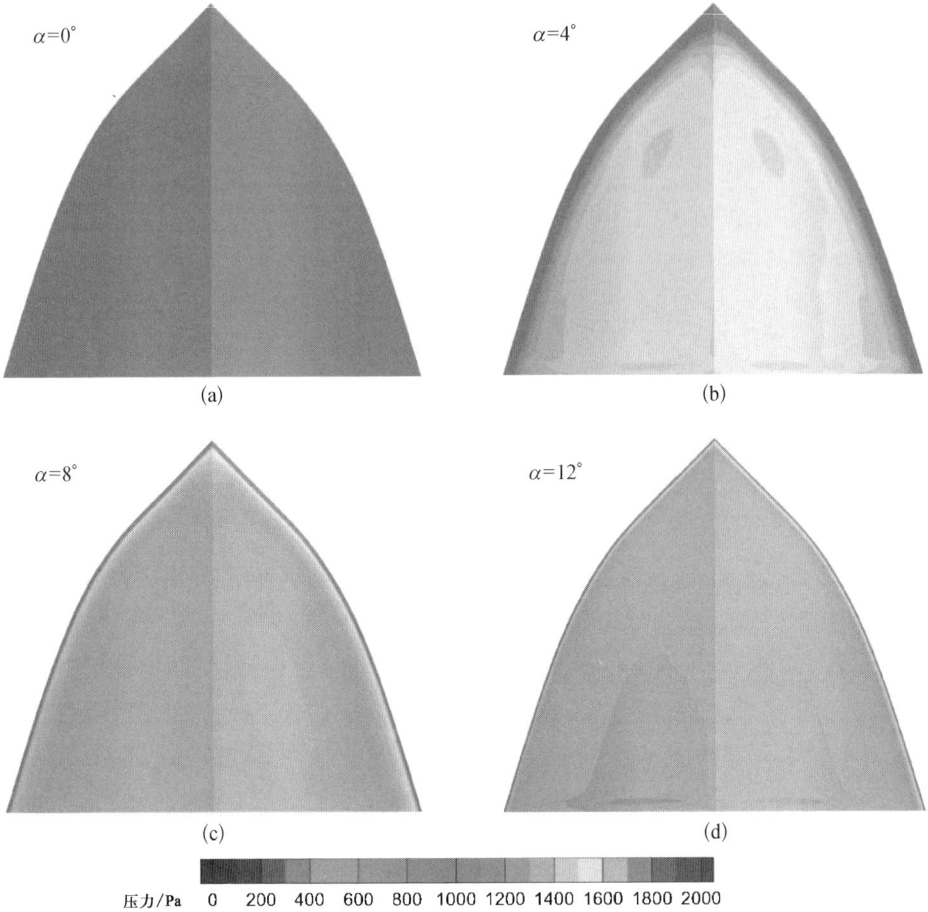

图 6.27 飞行马赫数 8.0 时吻切锥尖头乘波飞行器上表面压力分布

况非常复杂,需要进一步研究其涡效应的生成、发展及影响因素。

2) 吻切锥三角翼布局乘波飞行器与普通吻切锥乘波飞行器

对于吻切锥三角翼布局乘波飞行器与普通吻切锥乘波飞行器气动特性的对比结果,我们知道在每一飞行条件下,吻切锥三角翼布局乘波飞行器的升阻比均不高于普通吻切锥乘波飞行器,而其升力系数、阻力系数则均高于普通吻切锥乘波飞行器。同上文中的思路,我们也可以对吻切锥三角翼布局乘波飞行器与普通吻切锥乘波飞行器的气动性能差异进行分析。

图 6.28 给出了吻切锥三角翼布局乘波飞行器与普通吻切锥乘波飞行器在对称面处构型的差异。可以明显地看出,吻切锥三角翼布局乘波飞行器上、下表面的夹角大于普通吻切锥乘波飞行器上、下表面的夹角。除此之外,利用

SOLIDWORKS 软件,可以计算出对称面处吻切锥三角翼布局乘波飞行器上、下表面夹角的正切值为 0.304 6;普通吻切锥乘波飞行器上、下表面夹角的正切值为 0.262 6。因此,我们可以定性地认为吻切锥三角翼布局乘波飞行器比普通吻切锥乘波飞行器"更厚"一些,进而吻切锥三角翼布局乘波飞行器的升阻比更小一些。

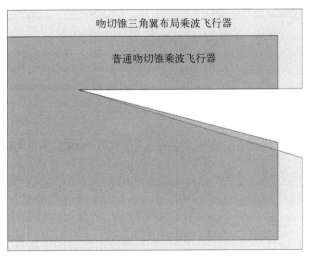

图 6.28 吻切锥三角翼布局乘波飞行器与普通吻切锥乘波飞行器对称面处构型对比

图 6.29 给出了吻切锥三角翼布局乘波飞行器在飞行马赫数为 8.0、飞行攻角分别为 0°与 10°时的中截面压力系数分布。将其分别与同飞行条件下的普通吻切锥乘波飞行器的情况进行对比,可以发现吻切锥三角翼布局乘波飞行器的下表面压力明显大于普通吻切锥乘波飞行器。这表明吻切锥三角翼布局乘波飞行器处的激波强度大于普通吻切锥乘波飞行器的,即吻切锥三角翼布局乘波飞行器的波阻大于普通吻切锥乘波飞行器的。而在高速范围内,乘波飞行器的阻力主要由波阻决定,所以吻切锥三角翼布局乘波飞行器的阻力系数大于普通吻切锥乘波飞行器的。除此之外,还有另一个因素,即如前文所述,比起普通吻切锥乘波飞行器,吻切锥三角翼布局乘波飞行器的构型"更厚"一些,且其下表面处的压力更大一些,所以吻切锥三角翼布局乘波飞行器在阻力方向上的压力分量较大,因而具有更大的阻力系数。此外,虽然吻切锥三角翼布局乘波飞行器构型在升力方向上的压力分量较小,但由于其下表面具有更大的压力,所以吻切锥三角翼布局乘波飞行器的升力系数大于普通吻

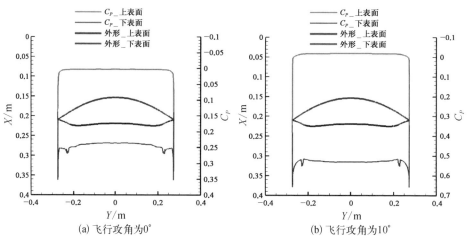

(a) 飞行攻角为0°　　　　　　　　　(b) 飞行攻角为10°

图 6.29　飞行马赫数 8.0 时吻切锥三角翼布局乘波飞行器中截面压力系数分布

切锥乘波飞行器的升力系数。

图 6.30 单独给出了当飞行马赫数为 8.0 时, 吻切锥三角翼布局乘波飞行器的升力系数随攻角的变化曲线。可以明显地看出, 吻切锥三角翼布局乘波飞行器的升力系数曲线几乎是线性变化的, 没有表现出明显的非线性增升现象, 而且与普通吻切锥乘波飞行器相比, 吻切锥三角翼布局乘波飞行器的升力系数曲线

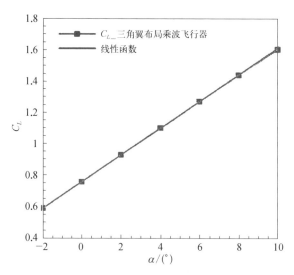

图 6.30　飞行马赫数 8.0 时吻切锥三角翼布局乘波飞行器的
升力系数随攻角的变化曲线

具有更高的线性吻合度。这进一步地验证了之前所陈述的"乘波飞行器前缘线中直线部分所处的不同位置会对乘波飞行器的气动性能产生不同的影响"这一结论。

6.3.5　低速气动性能分析

图 6.31 给出了两种吻切锥涡升宽速域乘波飞行器与普通吻切锥乘波飞行器对比模型在不同飞行马赫数下的低速气动性能情况。从图中可以看出,在同一飞行马赫数下,三种吻切锥乘波飞行器的升力系数与阻力系数均随攻角的增

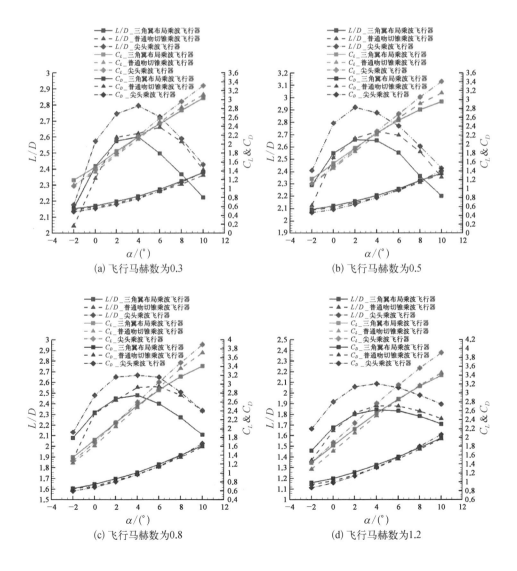

(a) 飞行马赫数为0.3　　　　　(b) 飞行马赫数为0.5

(c) 飞行马赫数为0.8　　　　　(d) 飞行马赫数为1.2

(e) 飞行马赫数为1.8   (f) 飞行马赫数为2.5

**图 6.31   两种吻切锥涡升宽速域乘波飞行器与普通吻切锥乘波飞行器
对比模型在不同马赫数下低速气动性能随攻角的变化情况**

加而增大,而其升阻比随攻角先增加后减小,其中三种吻切锥乘波飞行器的升阻
比随攻角的变化趋势与其高速时的情况有所差异;而在不同的飞行马赫数下,三
种吻切锥乘波飞行器气动性能的变化趋势是相似的。

在亚声速范围内,吻切锥尖头乘波飞行器的升阻比始终高于普通吻切锥乘
波飞行器,两者在大攻角时比较接近。这主要是由于:在小攻角时,两者的升力
系数虽然比较接近,但吻切锥尖头乘波飞行器的阻力系数较小,所以小攻角时吻
切锥尖头乘波飞行器的升阻比较高;而后随着攻角的增加,吻切锥尖头乘波飞行
器的升力系数和阻力系数均超过了普通吻切锥乘波飞行器的,从而导致两者的
升阻比在大攻角时比较接近。在超声速范围内,吻切锥尖头乘波飞行器的升阻
比始终高于普通吻切锥乘波飞行器,其原因与亚声速时类似。对比图 6.31 中的
(a)、(b)、(c) 和 (d)、(e)、(f) 可以发现,在超声速范围内,吻切锥尖头乘波飞行
器相较于普通吻切锥乘波飞行器的升力系数增加幅度明显高于亚声速范围时的
情况,这也就说明了为什么在超声速范围内吻切锥尖头乘波飞行器在大攻角时
的升阻比仍明显高于普通吻切锥乘波飞行器的。

从图 6.31 中可以看出,无论是在亚声速范围内还是在超声速范围内,吻切
锥三角翼布局乘波飞行器的升阻比在小、负攻角时均高于普通吻切锥乘波飞行
器的,这一点区别于高速时的情况;而在大攻角时,吻切锥三角翼布局乘波飞行
器的升阻比仍比较小。

如图 6.32 所示,为了定量地分析相比于普通吻切锥乘波飞行器,吻切锥尖头乘波飞行器和吻切锥三角翼布局乘波飞行器的低速升阻比优势,本节计算了每一飞行条件下,吻切锥尖头乘波飞行器和吻切锥三角翼布局乘波飞行器的升阻比相较于普通吻切锥乘波飞行器的升阻比增加百分比。从图 6.32(a)中可以看出,在同一飞行马赫数时,吻切锥尖头乘波飞行器相较于普通吻切锥乘波飞行器升阻比增加百分比随着攻角的增加而减小,这表明吻切锥尖头乘波飞行器的低速气动优势在小攻角时较为明显;此外,吻切锥尖头乘波飞行器在超声速范围内的升阻比优势整体优于亚声速范围内的情况,这体现了在超声速范围内吻切锥尖头乘波飞行器可以展现出更大的气动优势;并且在超声速范围内,吻切锥尖头乘波飞行器在较小的飞行马赫数下的升阻比优势较高,而在亚声速范围内这种不同飞行马赫数下的区别不明显。

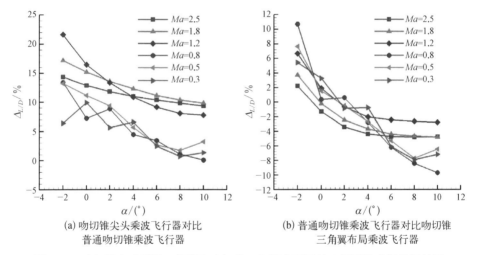

(a) 吻切锥尖头乘波飞行器对比　　　　(b) 普通吻切锥乘波飞行器对比吻切锥
　　普通吻切锥乘波飞行器　　　　　　　三角翼布局乘波飞行器

图 6.32　吻切锥尖头乘波飞行器和吻切锥三角翼布局乘波飞行器的升阻比相较于
普通吻切锥乘波飞行器的升阻比增加百分比

由图 6.32(b)可以看出,吻切锥三角翼布局乘波飞行器的低速升阻比仅在小、负攻角的飞行条件下高于普通吻切锥乘波飞行器。这说明从升阻比的角度来看,相比于普通吻切锥乘波飞行器,吻切锥三角翼布局乘波飞行器的低速气动性能较差。

如图 6.33 所示,为了分析吻切锥尖头乘波飞行器和吻切锥三角翼布局乘波飞行器的升力优势,本节计算了每一飞行条件下,吻切锥尖头乘波飞行器和吻切锥三角翼布局乘波飞行器的升力系数相较于普通吻切锥乘波飞行器的升力系数增加百分比。从图6.33(a)中可以看出,在超声速范围内,吻切锥尖头乘波飞行器的升力系数增加百分比是最高的,并且随着飞行马赫数的进一步增加,其升力系数增加百分比逐步减小,但整体上来看,吻切锥尖头乘波飞行器的升力系数仍是高于普通吻切锥乘波飞行器的;此外,在亚声速范围内,吻切锥尖头乘波飞行器的升力系数整体上也是高于普通吻切锥乘波飞行器的,这表明相比于普通吻切锥乘波飞行器,吻切锥尖头乘波飞行器的低速起飞性能得到了较大提高,达到了设计初衷,较好地兼顾了低速起飞性能和高速巡航性能,扩大了其飞行速域。

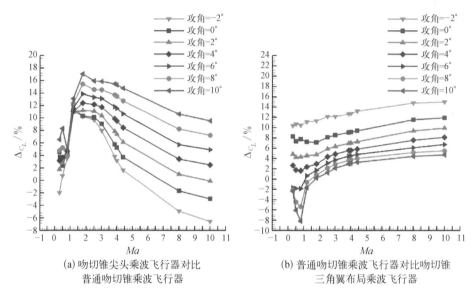

(a) 吻切锥尖头乘波飞行器对比
普通吻切锥乘波飞行器

(b) 普通吻切锥乘波飞行器对比吻切锥
三角翼布局乘波飞行器

图 6.33 吻切锥尖头乘波飞行器和吻切锥三角翼布局乘波飞行器的升力系数
相较于普通吻切锥乘波飞行器的升力系数增加百分比

从图6.33(b)中可以看出,在升力提升方面,吻切锥三角翼布局乘波飞行器的升力系数总体上是高于普通吻切锥乘波飞行器的,而且在小、负攻角时,其升力系数增加百分比更高。这是相比于普通吻切锥乘波飞行器来说,吻切锥三角翼布局乘波飞行器的气动性能优势所在。

6.4　宽速域滑翔飞行器与乘波体性能比较

6.4.1　研究模型

根据高超声速理论,当马赫数很高时,流场的特性随马赫数的变化可以忽略不计,即马赫无关原理。因此,为了体现设计构型的差异,本节采用了马赫数 3~6 的设计区间。根据方程,Ma_1 和 Ma_2 的不同取值可以产生两种构型的飞行器。将马赫数从边缘到中间按照 3~6 渐增设计得到的构型称为 Case1,将马赫数从边缘到中间按照 6~3 渐减设计得到的构型称为 Case2。根据等激波角设计原理,当上缘线一定时,构型的上表面形状即可确定。本节中采用的上缘线设计参数如下:

$$\varphi = 45°,\ \beta = 30°,\ S = 0.4,\ p = 2 \tag{6.30}$$

在相同的上表面条件下,不同的设计马赫数对应不同的圆锥流场。根据锥导乘波理论,则可以在对应流场中设计出不同形状的锥导乘波体。由于构型不同,其容积率(η_v)也不同。容积率反映了飞行器一定面积下的容纳能力,其定义如下:

$$\eta_v = 6\sqrt{\pi}\,\frac{V}{S^{3/2}} \tag{6.31}$$

其中,V 为飞行器的体积;S 为飞行器的湿面积。

通过在马赫数区间 $[3, 6]$ 内进行采样,得到了多个设计马赫数条件下的锥导乘波体构型,并得到各构型对应的容积率。通过多项式拟合得到了锥导乘波体容积率与设计马赫数之间的函数关系。本节采用四次曲线进行拟合,得到函数关系:

$$\eta_v = -0.003\,112Ma^4 + 0.065\,76Ma^3 - 0.531\,8Ma^2 + 1.989Ma - 2.151 \tag{6.32}$$

图 6.34 展示了等上表面条件下锥导乘波体容积率与设计马赫数之间的关系曲线。

如上所述,在给定的上表面条件下,按照不同的设计马赫数变化方向得到了两种构型,即 Case1 和 Case2。通过计算可得 Case1 的容积率为 $\eta_{v1} = 0.785$,代入方程(6.32),可知该容积率对应的设计马赫数为 5.34,因此可以将设计马赫数为 5.34 的锥导乘波体命名为 Case3,即作为宽速域滑翔飞行器的 Case1 和作为乘波体的 Case3 具有相同的上表面及相同的容积率。同理,Case2 的容积率为 $\eta_{v2} = 0.648\,2$,相应的与之具有相同容积率的锥导乘波体设计马赫数为 3.51,将该构型命名为 Case4。至此,四种 Case 的特征总结如表 6.5 所示。

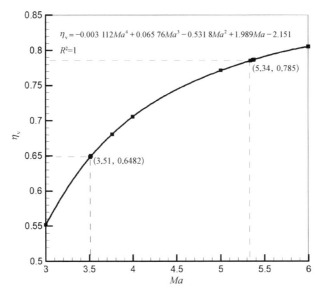

$$\eta_v = -0.003\,112Ma^4 + 0.065\,76Ma^3 - 0.531\,8Ma^2 + 1.989Ma - 2.151$$
$$R^2 = 1$$

(5.34, 0.785)

(3.51, 0.6482)

图 6.34 锥导乘波体容积率-设计马赫数关系曲线

表 6.5 四种乘波设计构型特征比较

代 号	设 计 特 征	容积率
Case1	马赫数从边缘到中间按照 3~6 渐变设计的宽速域滑翔飞行器	0.785
Case2	马赫数从边缘到中间按照 6~3 渐变设计的宽速域滑翔飞行器	0.648 2
Case3	设计马赫数为 5.34 的锥导乘波体	0.785
Case4	设计马赫数为 3.51 的锥导乘波体	0.648 2

以 Case3 为例,其三视图如图 6.35 所示。

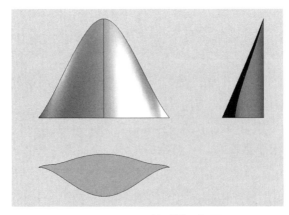

图 6.35 Case3 构型的三视图

尽管四种构型具有相同的上表面,但由于设计马赫数不同,下表面曲面有很大差别,该差别可通过图 6.36 中展示的四条 LBC 展现。Case3 和 Case4 均展现了中间饱满、边缘薄的特点,并且两者下表面之间没有交叉。Case3 的设计马赫数大于 Case4,其对应的圆锥激波更加贴体,因此在激波确定的条件下流线更加靠近激波,得到的构型也更厚。Case1 和 Case2 作为宽速域滑翔飞行

图 6.36　四种乘波构型的后端面轮廓比较

器构型,由于设计马赫数都在 3~6 的范围内,因此下表面之间具有交叉现象。

6.4.2　气动性能分析方法

本节采用 Ansys13.0 中的 Cart3D 求解工具对计算模型进行了气动力求解。Cart3D 是在有限体积法基础上开发的高精度无黏流分析软件包,它通过多重笛卡儿网格求解可压缩 Euler 方程来计算飞行器气动参数分布。该软件包适用于飞行器概念设计和初步设计阶段的气动力和载荷分布计算。当前,该气动力分析方法已受到广泛应用。本节首先通过 Matlab 程序按照设计原理生成乘波体构型和宽速域滑翔飞行器的空间点阵,然后利用逆向工程方法在 Pointwise 中生成实体,将实体转换为 IGS 通用几何文件后转入 ICEM 软件划分表面网格。在 Cart3D 软件包中生成 5 层优化的空间体网格,该网格朝向模型边缘位置进一步加密。图 6.37 展示了最终的网格划分结果。在数值计算过程中,所有外部边界均

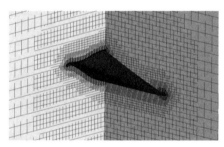

图 6.37　乘波构型笛卡儿网格划分示意图

采用自由来流边界条件,计算中的库朗数保持为 1.1,最大迭代数为 500,网格序列级别设置为 3。

6.4.3　气动性能比较

从之前的研究中发现,升阻比和容积率是两个互不相容的设计指标,即两者难以同时达到最优。由于两者均为飞行器设计中重要的设计指标,因此在相同容积率条件下比较不同构型的升阻比特性具有实际意义。

表 6.5 中展示了 4 种构型的基本特点。其中 Case1 和 Case3 具有相等的容

积率,为 0.785。图 6.38 比较了在零攻角条件下 Case1 和 Case3 的气动性能随马赫数的变化规律。可见两个构型的升阻比以及升力系数、阻力系数曲线的走势相似且吻合得较好。从图中仍然能看出一些细节上的差异,即马赫数小于 6.0时,宽速域滑翔飞行器 Case1 相比于乘波体 Case3 具有更大的升阻比。但是,当马赫数大于 7.0 时,Case1 的升阻比比 Case3 小。另外,相比于 Case3,Case1 的升阻比随马赫数变化趋势更为平缓。

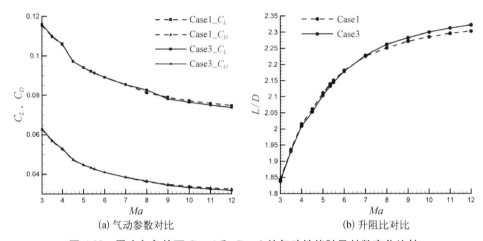

(a) 气动参数对比　　　　　　　(b) 升阻比对比

图 6.38　零攻角条件下 Case1 和 Case3 的气动性能随马赫数变化比较

图 6.39 展示了 Case2 和 Case4 的气动性能随来流马赫数的变化规律,它们均具有 0.648 2 的容积率。与图 6.38 表现的规律相似,两个构型的气动特性吻合较好,区别在于当马赫数小于 6.0 时,宽速域滑翔飞行器 Case2 具有比 Case4

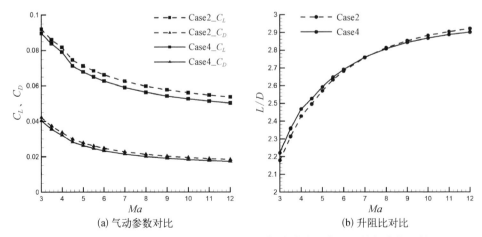

(a) 气动参数对比　　　　　　　(b) 升阻比对比

图 6.39　零攻角条件下 Case2 和 Case4 的气动性能随来流马赫数变化比较

乘波体更小的升阻比,而当马赫数大于 7.0 时,Case2 的升阻比大于 Case4。这与图 6.38 中展示的规律正好相反。但是,两组图均表明,宽速域滑翔飞行器与乘波体的升阻比大小翻转均出现在马赫 6.0 到 7.0 之间。

图 6.38 表明,在小马赫数条件下 Case1 相比 Case3 具有更好的升阻比性能,而在大马赫数条件下升阻比性能更差。这可以通过图 6.40 进行解释。图 6.40(a)展示了 Case1 和 Case3 在马赫数为 3 条件下的相对密度云图,来流的相对密度为 1。可以看出,相比于 Case1,Case3 的边缘处有更多的高密度流涌向上表面,这意味着相比于 Case3,Case1 能够更加有效地将高密度流约束在机体下表面下方。因此,小马赫数条件下 Case1 展现出优于 Case3 的性能。随着自由来流马赫数的增加,两个构型的乘波特性表现得更加明显。如图 6.40(b)所示,Case1 边缘对升力的贡献小于 Case3 的边缘,因此大马赫数条件下 Case3 具有优于 Case1 的乘波特性,这解释了为什么 Case3 在大马赫数条件下气动性能更好。

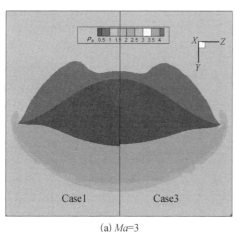
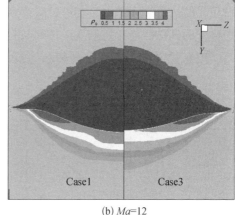

(a) $Ma=3$　　　　　　　　　　　　　　(b) $Ma=12$

图 6.40　两个马赫数条件下 Case1 和 Case3 的相对密度云图比较

用同样的理论可以对 Case2 和 Case4 在不同马赫数下的不同表现进行解释。如图 6.41(a)所示,在 $Ma=3$ 的条件下,Case2 边缘有更多高压气体从边缘溢出到上表面,导致在该马赫数下其升阻比性能比 Case4 更差。在图 6.41(b)中,Case2 的边缘部分相比于 Case4 能够对升力产生更大的影响,从而使得在马赫数为 12 的条件下 Case2 的性能优于 Case4。

图 6.40 和图 6.41 展示的结果可以进一步根据构型之间的差异进行解释(图 6.36)。Case1 和 Case4 相比于它们对应的比较构型均具有更薄的边缘,因此它

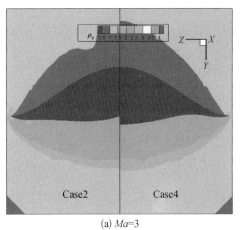 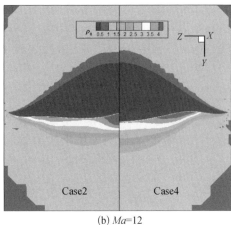

(a) *Ma*=3　　　　　　　　　　　　(b) *Ma*=12

图 6.41　两个马赫数条件下 Case2 和 Case4 的相对密度云图比较

们可以在低马赫数条件下将高压流场更有效地约束在机身下方。在大马赫数条件下,Case1 和 Case4 的薄边缘对于飞行器整机性能的贡献变小,而同时它们相对更厚的机身中间部分不利于其升阻比特性。因此,Case1 和 Case4 在高马赫数条件下的气动性能比它们对应的比较构型更差。

图 6.42 比较了在来流马赫数为设计值 5.34 时,Case1 和 Case3 的气动性能

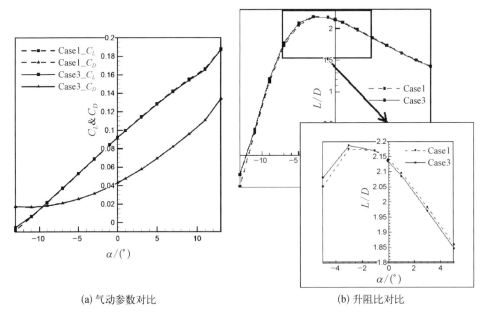

(a) 气动参数对比　　　　　　　　　　　　(b) 升阻比对比

图 6.42　来流马赫数为 5.34 条件下 Case1 和 Case3 的气动性能比较

随攻角的变化曲线。可见,两者的气动特性曲线吻合得较好。两个构型的升阻比均在攻角为-3°时达到最大值。然而,当攻角小于-1°时,Case1 的升阻比小于 Case3,当攻角大于-1°时,Case1 的升阻比大于 Case3。

图 6.43 比较了 Case2 和 Case4 在设计马赫数 3.51 的来流条件下气动参数随攻角的变化曲线。可见,当攻角在[-5°,5°]区间内时,Case2 的升、阻力系数均大于 Case4。尽管它们的升阻比曲线接近,但是当攻角大于-3°时 Case4 的升阻比大于 Case2。

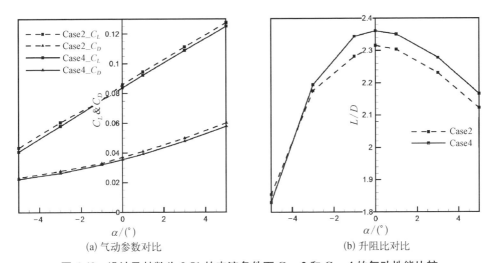

(a) 气动参数对比　　　　　　　　　(b) 升阻比对比

图 6.43　设计马赫数为 3.51 的来流条件下 Case2 和 Case4 的气动性能比较

图 6.38~图 6.43 均比较了同样容积率条件下宽速域滑翔飞行器与乘波体之间的气动性能。可见当设计容积率确定时,两类构型的气动性能大体相似,并展现出并不显著的差异。

6.5　基于锥导理论的吸气式巡航飞行器设计方法

为了适应宽速域巡航,必须给飞行器构型设计预留发动机的位置。然而在超声速和高超声速领域,飞行器机身-发动机一体化设计已经成为主流设计思想,在构型的概念设计阶段就应该进行一体化设计。鉴于乘波飞行器优异的性能,本章基于锥导乘波理论提出了一种新型全乘波飞行器设计方法,其头部与机身能够"乘"在同一道圆锥激波之上,且头部与机身之间预留吸气式发动机进气口,内流道的设计可在机身确定后进行,且机身内有充足的空间进行发动机的布置。

6.5.1 设计思路

本节所提出的构型设计方法在乘波机身设计时并未改变传统锥导乘波体设计思路,而是通过 UBC 的设计产生一种特殊的乘波体类型。UBC 分为两边的直线部分和中间的圆弧部分,如图 6.44 所示。根据乘波体设计方法,UBC 上一段与设计激波同轴的圆弧所对应的前缘线必然与该圆弧全等且平行,这段前缘线的目的是用作进气道的唇口。UBC 两侧的直线所对应的前缘线部分也是直线,可作为机身的后掠翼。在前缘线已经确认的条件下通过流线追踪获取机身下表面,从而生成了一个标准的乘波体结构。该构型最大的特点是中间圆弧的采用,它直接决定了进气道唇口

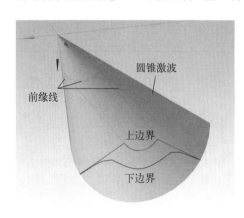

图 6.44 乘波巡航飞行器机身设计示意图

的大小与形状。而为了使整个飞行器乘波,飞行器头部必须能够产生与机身一致的激波,而达到该目的最理想的方法是采用圆锥结构,该圆锥结构在圆锥激波和来流条件确定的条件下就已经确定。该圆锥的横截面为扇形,扇形的两条半径延伸并与机身前缘线圆弧部分的两端相连,则扇形的弧、机身前缘线的圆弧及两条延伸线段即围成了一段环形区域,即为进气道入口。而以进气道唇口和两条扇形半径围成的大扇形区域为截面沿来流方向进行拉伸,直至抵达机身设计的基准面,则所拉伸的空间与机身乘波体共同组成了飞行器的机身。这段空间能够很大程度上提升机身的容积率并且其与来流平行,除了圆锥头部外不会对流场产生额外的影响。

图 6.45 展示了该吸气式乘波巡航飞行器的整体外形,可见相比于图 6.44 中展示的机身部分,机身背部凹陷的区域被完全填满,圆锥形头部和机身连接处围成进气道入口。整个构型在设计马赫数下"乘"在同一个圆锥激波上,且构型具有较大的机身容积和规则的上表面。值得注意的是,由于头部非完整圆锥,实际流场中两侧因压力突变而无法产生圆锥激波,因此本节设想头部两侧分别有无限薄的三角形薄板与机身相连(见上视图中头部两侧部分),这样

便阻隔了头部下方圆锥激波内的高压与头部上方的低压区相互干扰,保证了头部的乘波能力。实际飞行器制造中可对薄板做进一步优化,从而使其具备实用价值。

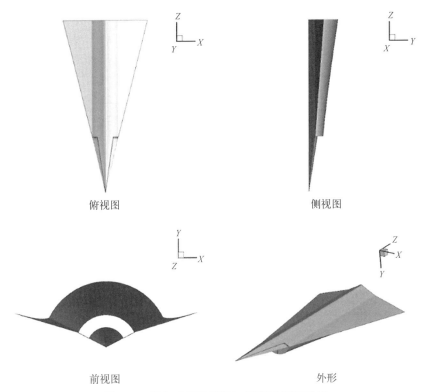

俯视图　　　　　　　　　　　　侧视图

前视图　　　　　　　　　　　　外形

图 6.45　吸气式乘波巡航飞行器三视图实例

6.5.2　参数化设计方法

　　该型吸气式乘波巡航飞行器的设计主要涉及 6 个参数,如图 6.46 所示。其中来流马赫数 Ma_d 和激波角 β 决定了圆锥激波及对应设计圆锥的外形,设计圆锥长度 l 决定构型尺寸,UBC 的宽度由二面角 φ 确定,两直线边的斜率由 δ 决定,中间弧线的尺寸由 W 决定。由于构型的头部圆锥即为设计圆锥的一截,因此不需要额外参数进行控制。为了保证构型能够顺利生成,部分参数需有约束。比如激波角 β 的取值范围应满足来流 Ma_d 下的附体激波产生条件,δ 的取值应小于 φ 从而避免机身负体积的产生等。

　　根据高超声速马赫无关性理论,飞行器所受气动力系数在高超声速条件下

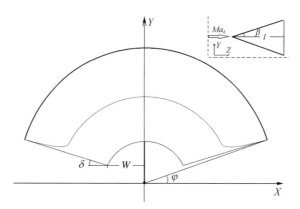

图 6.46　乘波巡航飞行器设计参数示意图

只与构型有关。本节致力于设计长时间在高超声速条件下巡航飞行的构型,因此设计马赫数 $Ma_d = 5$。由于在概念设计之初期望得到构型的气动特性,而不在意其具体尺寸,因此设计长度 l 为 1。其他设计参数的初步取值为 $\beta = 15°$, $\varphi = 20°$, $W = 0.04$, $\delta = 16.7°(\tan\delta = 0.3)$。

除了构型的设计参数之外,本节还在以上基准构型的基础上通过 FFD 参数化建模方法对构型进行设计。将构型植入 5×4×4 的 FFD 网格阵中,如图 6.47 所示。FFD 网格共有 80 个控制点,而由于该构型的对称性,实际只需要 40 个控制点,控制参数最多 120 个。在实际设计和优化过程中,可根据需求选取需要设计的控制点及相应的坐标。

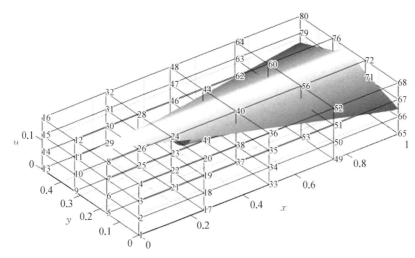

图 6.47　FFD 控制网格内的乘波巡航飞行器

6.6　吸气式巡航飞行器性能分析

6.6.1　性能分析方法

本章中设计的巡航飞行器构型是基于无黏空气动力学理论,因此本节在数值验证部分采用无黏模型,旨在验证该构型在设计状态下具有和预测结果一致的流场特征。在超声速数值仿真过程中,采用结构网格对一半构型头尾之间的流场区域进行划分,如图 6.48 所示。网格边界对应采用压力远场、压力出口和对称面的边界条件。机身为无滑移壁面,进气道入口采用压力出口条件。

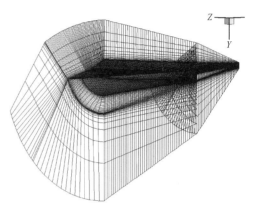

图 6.48　吸气式乘波巡航飞行器超声速流场仿真采用的结构网格

在第 2.1.2 节已经介绍,在对该吸气式乘波飞行器进行跨声速流场仿真时,需要较大的周围仿真区域,而且构型本身相对复杂,难以生成全流场结构化网格,因此可以采用 Overset 仿真方法,对构型周围局部环境及全局环境流场分别进行网格划分,然后整合后进行仿真计算。本节采用的背景网格流向尺度为 $35l$(l 为构型长度),法向和侧向尺度均为 $20l$,背景网格示意图如图 6.49(a)所示,构型周围局部网格示意图如图 6.49(b)所示。

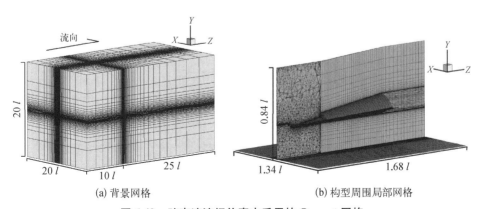

(a) 背景网格　　　　　　　　　(b) 构型周围局部网格

图 6.49　跨声速流场仿真中采用的 Overset 网格

由于数值仿真过程计算成本较高,因此为了更全面地分析该构型高速条件下的性能,本节还使用了第 2.2 节中介绍的工程估算方法,并结合第 2.2.2 节中的四边形面元划分对该类构型的性能进行分析。图 6.50 展现了工程估算使用的构型表面面元划分情况。

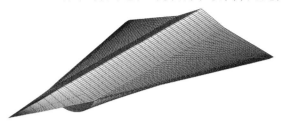

图 6.50 面向工程估算的吸气式巡航飞行器表面面元划分

6.6.2 仿真结果与气动性能分析

通过数值仿真,计算了设计构型在马赫数为 5,来流静压为一个大气压的条件周围的流场特征及其受力情况。由于构型的对称性,超声速条件下的仿真模型为整个构型的一半。图 6.51 展现了马赫数 5 设计条件下构型周围压力分布云图。由图可见,流场仿真结果与预测一致,即整个构型产生了一道圆锥激波,该激波被约束在构型的下方,使得整个构型呈现出典型的乘波特性。构型下表面处在高压区,上表面处于低压区,因此构型受到较大的升力。

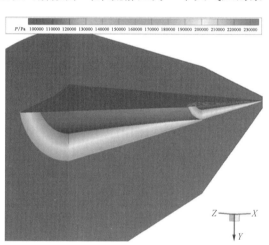

P/Pa 100000 110000 120000 130000 140000 150000 160000 170000 180000 190000 200000 210000 220000 230000

图 6.51 马赫数 5 设计条件下构型周围压力分布云图

该构型气动性能的计算是在忽略底阻的条件下进行的,这是由于该构型的用途为吸气式巡航飞行器,尾部预留尾喷管出口,实际飞行中尾部出口的边界条件与发动机性能有关,因此在气动计算中不予考虑。

为了测试该构型在其他飞行条件下的气动性能,本节采用超声速流场计算网格计算了马赫数在 [2,5] 范围内的构型流场特征,并采用跨声速 Overset 网格计算了马赫数在 [0.6,1] 范围内的构型流场特征。其中超声速条件下,不同马赫数和不同攻角下的流场压力系数云图如图 6.52 所示。由图 6.52 可见,构型在马赫数为 5 的条件下,正攻角能够使构型具备一定乘波特性,且头部产生的激波能使进气道封口,但是机身边缘会出现上下表面的压力相互作用,从而降低整体

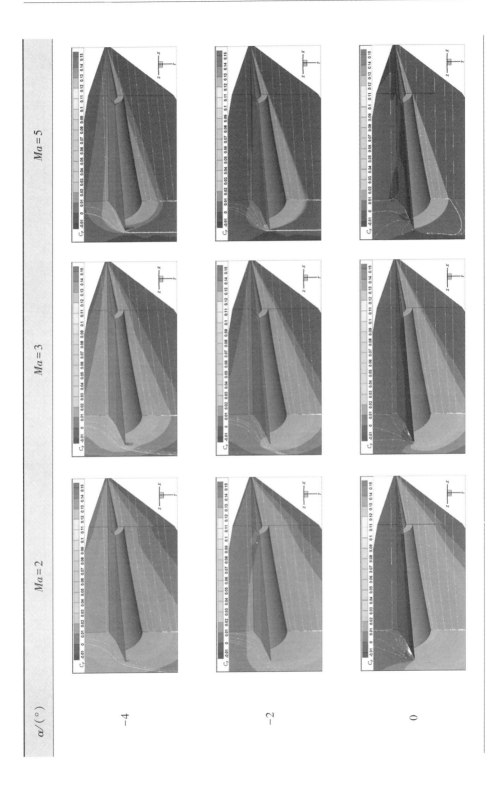

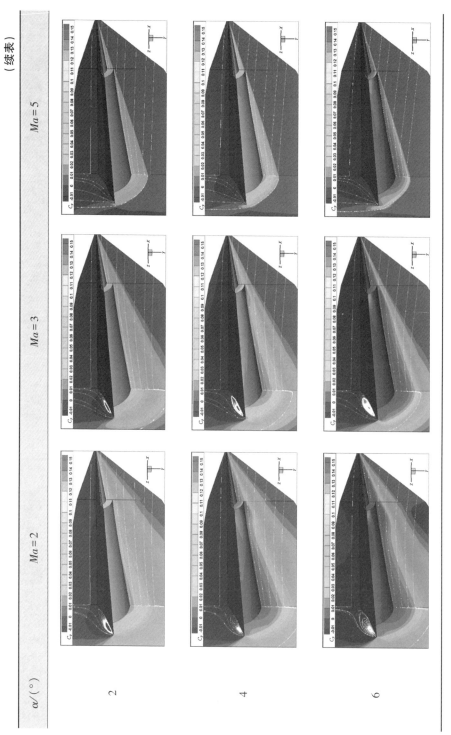

图 6.52 不同马赫数和攻角下的流场压力系数云图

气动性能。而负攻角条件下构型上表面因产生激波而受到较大的气动压力,因而整体性能降低更快。在马赫数小于 5 的超声速条件下,构型不再具备乘波性能,机身周围上下表面所受的高/低压相互作用,在正攻角条件下,上表面因压力梯度而产生脱体涡,脱体涡的产生一定程度上会产生涡升力,对构型的气动性能产生积极影响。

图 6.53 展示了该构型升阻比在一定马赫数和攻角范围内的拟合曲面,可见升阻比性能与马赫数的关系不大而与攻角的大小有很大相关性。在不考虑底部阻力的情况下,该构型升阻比的最大值能达到 8 以上,足见其良好的气动性能。由于跨声速尤其是低速条件下波阻较小,黏性阻力不可忽略,因此对数值仿真结果进行了黏性修正,在原阻力的基础上加上一个定值,该值的确定是根据马赫数 1 条件下数值结果的统计值确定的。由此得到跨声速条件下修正的升阻比与马赫数和攻角的关系,如图 6.54 所示。由于黏性的引入,图 6.54 中展示的升阻比数值与图 6.53 中有一定阶跃,但是仍然展示了升阻比与马赫数负相关,且随攻角增大先增加后减小的变化趋势。整体而言,该构型在不同马赫数下升阻比相

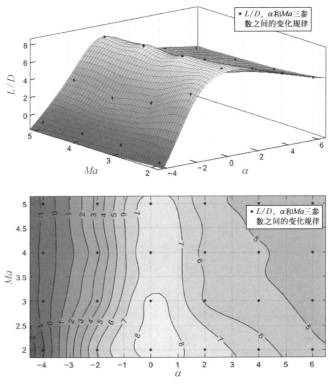

图 6.53　超声速下构型无黏升阻比与马赫数和攻角的关系

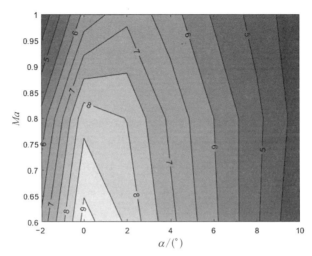

图6.54　跨声速下构型带黏性修正的升阻比与马赫数和攻角的关系

对稳定且数值比较理想。另外,若仅考虑乘波体机身,计算得其容积率为0.168,而在生成整机以后容积率增长为0.314,这主要是由于机身背部体积的增加量远大于整机湿面积的增加量。

由于本节的数值计算中未引入黏性,因此数值结果仅反映了理想情况下生成构型的性能。由于来流马赫数越低,黏性在阻力中的占比越大,无黏结果越不准确,因此后续工作中将进一步引入黏性,以更加准确地研究该类构型的气动性能。

该构型在高超声速条件下的气动性能通过工程估算的方法得到。由于构型的设计是基于锥导乘波体理论,因此采用切锥法求解面元压力系数。取马赫数范围为5~10,攻角范围为-8°~20°,求解了每个条件下构型的升阻比性能,如图6.55所示。该图反映了随着马赫数的增加,构型升阻比对马赫数越来越不敏感,体现了高超声速条件下的马赫无关性。另外,从图中可见,攻角在0°时,升阻比出现一个小幅的下降,这主要是构型前体和机身之间不连续的外形特征导致的,该特征将随着进气道入口面积的减小而减小。图6.56展现了该构型工程估算得到的构型下表面压力系数分布云图,计算条件为$Ma=5$,$\alpha=0$。由于构型边缘处厚度较小,且与来流方向夹角较小,因此压力系数也较小。构型头部圆锥区域因与来流夹角大小一致,因此压力系数大小分布均匀。机身中部位置从前至后与来流夹角不断增大,因此压力系数也逐渐增大。另外,由于下表面中间部分是由圆弧曲线作为前缘线追踪得到的,因此下表面沿展向仍然呈弧形分布,与来流夹角也相等,因此可见其展向压力系数大小一致。该图反映了该构型尽管具有乘波特性,整个下表面均被圆锥激波覆盖,但是不同位置的压力系数具有较大差别。由于该构型中部压力系数较大,因此升力和阻力的来源都主要集中在中部。

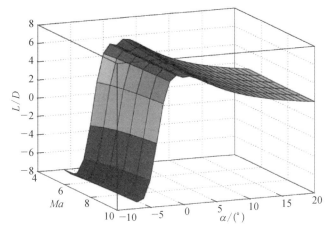

图 **6.55**　乘波巡航飞行器高超声速条件下升阻比特性的工程估算结果

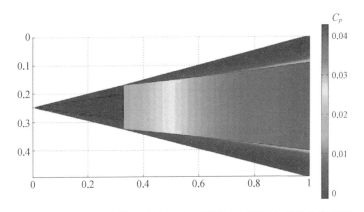

图 **6.56**　马赫数 5 条件下乘波巡航飞行器下表面压力系数分布云图

6.6.3　构型设计参数对性能的影响分析

6.5.2 节介绍了乘波巡航飞行器的参数化建模方法。因设计参数不同,所以将产生不同的构型及不同的气动性能。本节首先分析构型原始设计参数中的设计马赫数 Ma_d 以及二面角 φ 对构型性能的影响,然后介绍 FFD 参数化建模方法中若干控制点坐标对构型性能的影响。

6.6.3.1 初始设计参数的影响

以 6.5.2 节中的基准构型为参考,改变构型设计马赫数,分别取 $Ma_d = 5$、$Ma_d = 6$ 和 $Ma_d = 8$,并计算对应构型在 $Ma = 5$,攻角为 $-8° \sim 20°$ 的升阻比特性,如图 6.57 所示。由图可见,随着设计马赫数的增加,构型高超声速条件下的最大升阻比减小,但是升阻比特性的鲁棒性变得更好,升阻比随攻角的变化更不敏感。图 6.58 展示了设计马赫数为 8 时构型下表面压力系数分布云图。与图 6.56 相比,该构型底面有更大面积的区域处于高压区,在带来更大升力的同时也增大了阻力。另外,该构型头部圆锥的锥角更大,使得头部与机身之间所夹的进气道入口面积减小,因此图 6.57 中的升阻比曲线在 0 攻角附近变得更加光滑,这与第 6.6.2 节中对于该处升阻比波动的解释相吻合。

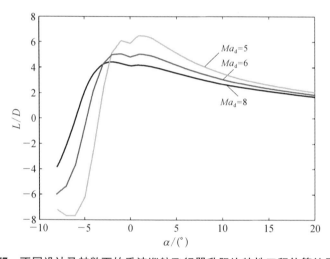

图 6.57 不同设计马赫数下的乘波巡航飞行器升阻比特性工程估算结果对比

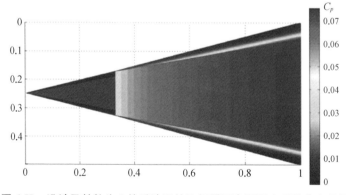

图 6.58 设计马赫数为 8 的乘波巡航飞行器下表面压力系数分布云图

图 6.59 展示了 $Ma_d = 5$，机身二面角 φ 改变的条件下生成构型的升阻比随攻角的变化趋势。由图可见，随着二面角的增大，机身最大升阻比增加，但是升阻比特性的鲁棒性变差，负攻角条件下攻角变化更加剧烈。图 6.60 展示了 $\varphi = 30°$ 条件下设计出的构型在 $Ma = 5$ 条件下的下表面压力系数分布云图。由于在其他设计参数不变的前提下，本类构型的二面角大小一方面能够决定机身宽度，另一方面也会因为机身宽度的变化而影响机身长度，因此相比于图 6.56，该设计条件下的构型更窄，机身长度更短，相应的机头长度更长。另外，该图反映了机身靠近边缘处的压力系数相比于图 6.56 变得更大，这主要是 φ 增大而 δ 不变使得机身边缘处迎风角变大导致的。

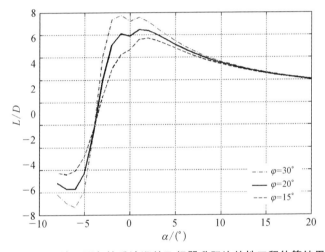

图 6.59　不同设计二面角的乘波巡航飞行器升阻比特性工程估算结果对比

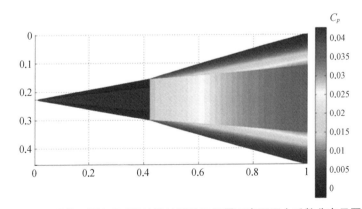

图 6.60　设计二面角为 30° 的乘波巡航飞行器下表面压力系数分布云图

　　为进一步比较以上五种构型的性能,表6.6列出了五种构型的0°攻角升阻比[$L/D(\alpha = 0°)$]、体积(V_{sum})、表面积(S_{sum})、容积率(η_v)和进气口面积(S_{in})。

表 6.6　五种构型乘波巡航飞行器性能对比

No.	Ma_d	$\varphi/(°)$	L/D ($\alpha=0$)	$V_{sum}/$ ($\times 10^{-3}$ m^3)	$S_{sum}/$ ($\times 10^{-2}$ m^2)	η_v	$S_{in}/$ ($\times 10^{-2}$ m^2)
1	8	20	4.10	19.65	62.86	0.42	0.31
2	6	20	4.81	16.58	61.22	0.37	0.43
3	5	20	5.89	13.61	59.70	0.31	0.54
4	5	15	4.76	15.68	65.09	0.32	0.59
5	5	30	7.20	10.27	53.18	0.28	0.56

　　由表可见,随着设计马赫数的增加,0°攻角下的升阻比减小,但构型容积率增大,进气口面积减小。随着设计二面角的增加,0°攻角下的升阻比增大显著,但容积率减小,进气口面积先减小后增大。与升阻比的变化相比,容积率受二面角变化的影响更小,说明通过二面角设计能有效改变构型气动性能而不对装填性能产生较大影响。

　　除了Ma_d和φ之外,构型的其他设计参数均能通过产生不同的几何外形来影响其气动性能和尺寸。由于篇幅原因,本书不再一一介绍。在概念设计阶段,可以通过一定约束条件下的参数优化获取实际可用的构型设计。

6.6.3.2　FFD 控制点位置的影响

　　本节仍以6.5.2节中的基准构型为参考,研究FFD参数化建模方法中控制参数对构型的控制能力及对构型性能的影响。图6.47已经展示了构型在FFD参数化网格阵中各控制点的位置。由于前缘线起了生成圆锥激波的作用,因此本节仅对x方向最后一个截面上控制点65~80的y坐标和z坐标进行变动。具体地,本节研究了控制点69~72的z方向归一化坐标($\bar{z}_{69}$,$\bar{z}_{72}$)以及控制点66、67、70、71的y方向归一化坐标($\bar{y}_{66}$,$\bar{y}_{67}$,$\bar{y}_{70}$,$\bar{y}_{71}$)。由于构型的对称性,控制点73~80的坐标变动与控制点65~72的坐标变化保持对称。已知以上控制点归一化坐标初始值为

$$\left[\bar{z}_{69}^0, \bar{z}_{70}^0, \bar{z}_{71}^0, \bar{z}_{72}^0 \right] = \left[0, \frac{1}{3}, \frac{2}{3}, 1 \right]$$

$$\left[\bar{y}_{66}^0, \bar{y}_{67}^0, \bar{y}_{70}^0, \bar{y}_{71}^0 \right] = \left[0, 0, \frac{1}{3}, \frac{1}{3} \right]$$

归一化坐标取值范围及关系如下所示:

$$\bar{z}_{70} = \frac{1}{3}(1 + 2\bar{z}_{69}), \bar{z}_{69} \in (-0.5, 0.5)$$

$$\bar{z}_{71} = \frac{2}{3}\bar{z}_{72}, \bar{z}_{72} \in (0.5, 1.5)$$

$$\bar{y}_{71} = \frac{1}{3}(1 + \bar{y}_{67}); \bar{y}_{66}, \bar{y}_{70} = \bar{y}_{67}, \bar{y}_{71}, \bar{y}_{67} \in (-0.25, 0.25)$$

即本节实际研究的控制参数只有具有代表性的 $\bar{z}_{69}$、$\bar{z}_{72}$ 和 $\bar{y}_{67}$。

本节中将 $\bar{z}_{69}$、$\bar{z}_{72}$ 和 $\bar{y}_{67}$ 分别在样本空间$(-0.5, 0.5)$、$(0.5, 1.5)$和$(-0.25, 0.25)$中均匀采样 11 个点,共形成 1 331 个算例,分别计算了这 1 331 种构型对应的气动性能和尺寸。图 6.61 和图 6.62 分别展现了以上三个 FFD 控制参数在设计区间内对构型升阻比和容积率的影响。由两图可见,三个影响参数中 $\bar{z}_{69}$、$\bar{z}_{72}$ 对两个状态变量的影响更大,$\bar{y}_{67}$ 对状态变量的影响相对较小。图 6.61 中空白处为构型出现畸形,升阻比计算失败的位置。该图反映了在设计空间内,随着 $\bar{z}_{69}$ 的增大、$\bar{z}_{72}$ 的减小及 $\bar{y}_{67}$ 的增大,升阻比会逐渐接近最大值。但是该升阻比的增大也伴随着容积率的减小,如图 6.62 所示,容积率的增大是在 $\bar{z}_{69}$ 减小、$\bar{z}_{72}$ 增大的情况下出现的。

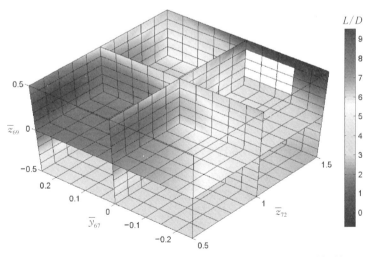

图 6.61 三个 FFD 参数对乘波巡航飞行器构型升阻比的影响切片图

图 6.63 展示了 1 331 种构型升阻比与容积率对应关系的散点图。由图可见,所有算例具有一个非支配解前缘,前缘上所有的点均反映了一定条件下的最

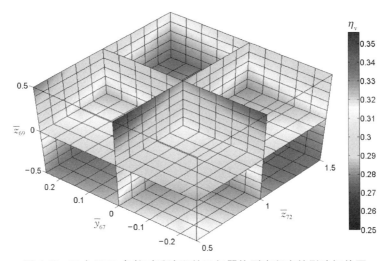

图 6.62 三个 FFD 参数对乘波巡航飞行器构型容积率的影响切片图

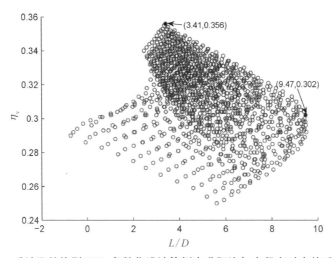

图 6.63 乘波巡航构型 FFD 参数化设计算例中升阻比与容积率对应关系散点图

优设计,对应了多目标设计优化中的 Pareto 前缘解集。另外,该前缘具有一个峰值,位于$(9.47, 0.302)$。该点也是所有设计中升阻比最大的点,在其周边设计中,该点仍能够保持容积率处于一个较大的值。该点以下的所有点(包括前缘上的点)升阻比性能和容积率性能均不强于该点,因此均不能称为非支配解。该点反映了升阻比最大且相同升阻比下容积率最大的设计构型,称之为构型 A,该点对应的 FFD 设计参数为$\left[\bar{z}_{69}, \bar{z}_{72}, \bar{y}_{67}\right] = \left[0.2, 0.7, 0.2\right]$。作为对比,点$(3.41, 0.356)$反映了所有设计中容积率最大的构型,称之为构型 B,该点对应的

FFD 设计参数为 $[\bar{z}_{69}, \bar{z}_{72}, \bar{y}_{67}] = [-0.5, 1.5, 0.25]$。

　　图 6.64 和图 6.65 分别展现了构型 A 和构型 B 的形状及气动性能。相比之下,沿展向拉伸和收缩构型对构型两类性能的影响均较小,沿纵向扩张和收缩尾部则会对构型产生较大影响。容积率的增大是通过尾部的膨胀实现的,它伴随着阻力的增大和升阻比的减小,而升阻比的增大伴随着构型厚度的减小,从而容积率减小。从数值上看,设计参数对容积率的影响并没有对升阻比的影响剧烈。具体最优构型还应结合实际约束进行优化。

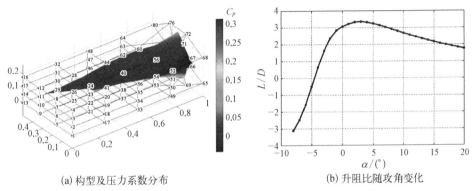

(a) 构型及压力系数分布　　　　　(b) 升阻比随攻角变化

图 6.64　FFD 参数化设计点构型 A 的形状及气动性能

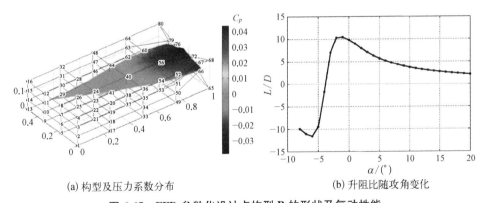

(a) 构型及压力系数分布　　　　　(b) 升阻比随攻角变化

图 6.65　FFD 参数化设计点构型 B 的形状及气动性能

6.7　小结

本章通过修改传统的乘波面生成方法,发展了一种宽速域滑翔乘波飞行器设计方法,由于构型下表面是由在不同马赫数条件下追踪出的流线放样而成,因此理论上能够在一定的马赫数范围内具备乘波特性。通过比较相等容积率条件下该类构型与对应乘波体的气动性能,发现两者的气动性能相似。整体而言,靠近边缘处的气动面对升阻比贡献更大,中间厚、边缘薄的构型不仅气动性能略优,装填性能也较好。

针对乘波构型在巡航飞行器上的应用,本书提出了一种新型吸气式巡航飞行器一体化设计方法,设计方法本身并未改变锥导乘波理论思想,而是通过乘波体上缘线的设计使得机身具备可用作进气道唇口的前缘,并且通过圆锥头部以及头部以后空间流向拉伸的方法保持了整机乘波性能,并拓展了机身容积。数值结果显示,该构型在设计马赫数下具备物理上的乘波能力。本章分别通过设计参数控制和 FFD 参数化建模的方式研究了不同设计参数对构型形状的改变及对应气动性能和尺寸的影响。结果发现,升阻比性能的提升往往伴随着容积率的减小,但升阻比对设计参数的响应更加敏感。另外,最大升阻比大的构型的气动性能鲁棒性往往不理想,构型的选择应根据工程上的实际约束进行优化设计。

第7章

组合动力飞行器多学科设计优化研究

组合动力飞行器的爬升、巡航与再入面临着多变的来流条件。根据来流条件的不同,飞行器自身会调节推进模态,改变推力与燃油消耗率,也因此造成实时质量的变化。飞行器通过实时改变攻角来调节弹道曲线,飞行姿态的改变也造成了时刻不同的受力状态。因此,设计一段飞行任务,需要协调与分析各个学科。MDO 技术通过综合考虑学科间的交叉耦合和信息传递来优化设计综合性能最优的飞行器。本章考虑组合动力飞行器的 MDO 方法,基于 MDF 策略,发展了部分子学科参与优化的双层系统集成优化策略,将几何、气动、推进、质量和弹道学科耦合分析后得出的部分学科设计变量与全局设计变量统一作为优化设计变量,将飞行器爬升任务中的爬升时间作为目标变量,优化流程中考虑弹道的最优化设计,采用 Radau 伪谱法得到每个设计状态下的最优弹道,因此形成参数优化中嵌套弹道优化的双层优化方法。MDO 结果得到了约束范围内总体性能最优的特定几何构型、RBCC 发动机模型、质量模型和弹道控制模型,本章最后将其与参考模型进行了性能对比分析。

7.1 MDO 方法的实现

7.1.1 变量定义

假设 MDO 问题由 N_D 个耦合学科构成,该问题的数学描述如下[165]:

$$\begin{cases} \text{find} \quad \boldsymbol{X} \\ \min \quad f \\ \text{s.t.} \quad g \geqslant 0 \\ \qquad \boldsymbol{Y}_i = \text{CA}_i(\boldsymbol{X}_i, \boldsymbol{Y}_{\cdot i}), \, i = 1, \cdots, N_D \\ \qquad \boldsymbol{X} = \bigcup_{i=1,\cdots,N_D} \boldsymbol{X}_i, \, \boldsymbol{Y} = \bigcup_{i=1,\cdots,N_D} \boldsymbol{Y}_i, \, \boldsymbol{Y}_{\cdot i} \subseteq \left(\bigcup_{j=1,\cdots,N_D, j \neq i} \boldsymbol{Y}_j \right) \\ \qquad \boldsymbol{X}^L \leqslant \boldsymbol{X} \leqslant \boldsymbol{X}^U, \, f \in \boldsymbol{Y}, \, g \subseteq \boldsymbol{Y} \end{cases} \quad (7.1)$$

其中，X 为设计变量向量，对应的 X_i 是第 i 个子学科的设计变量向量；Y 为状态变量向量，对应的 Y_i 是第 i 个子学科的状态变量向量；$Y_{\cdot i}$ 是 i 学科输入的其他学科的状态变量向量，即与 i 学科的输入有关的耦合变量；f 和 g 分别为系统的优化目标和约束，它们均为系统状态向量 Y 的子向量；CA_i 是第 i 个学科的分析模型，每一次学科分析的过程就是将 X_i 和 $Y_{\cdot i}$ 代入 CA_i 求解 Y_i 的过程，而由于学科间的耦合，往往需要将各个学科的 CA_i 运行多次才能得到一个满足 g 的可行目标 f。

7.1.2 MDO 方法与实现过程

绪论中已经介绍，求解 MDO 问题具有单级优化方法和多级优化方法，一般根据具体问题内部学科的耦合特征及约束特征选择合适的方法，也可以在现有方法的基础上对求解过程作出适当调整。单级优化方法的每一次迭代都是一次学科分析的过程，各个子学科不单独进行优化，优化过程只在系统层面进行，因此相对容易理解。其中，MDF 求解方程中的 MDO 问题最为直接[165]，它将所有的学科设计变量和全局设计向量一并作为系统级的设计变量，将 MDO 的目标变量作为优化目标，将中间求解过程作为一个整体，该整体即 MDA 过程。在 MDF 过程中，设计者可以对设计变量、目标变量和设计约束进行直接控制；MDF 过程中产生的任何解都是收敛的可行解，因此尽管优化过程意外终止，设计者也能从已有设计中选择可行的改良解。MDF 将多学科设计优化问题转化为传统的优化设计问题，因此易于实现。图 7.1 展示了 MDF 求解 MDO 问题的学科结构矩阵，可见不管 MDA 过程如何复杂，系统层面的优化过程仍然只关心所有设计变量及最终目标变量。然而，从图中也可以看出，区别于传统优化的是，MDA 过程是一个考虑多学科耦合和信息交互的寻找可行解过程，单次分析复杂耗时，在其基础上的寻优过程也更加困难。因此，该方法不适用于设计变量过多、学科关系耦合度高的大型 MDO 问题。

本章通过各学科的正交试验设计分析，对学科设计变量进行了精简。另外本章建立的 MDO 模型相对简洁，单次 MDA 过程相对容易，因此适合采用 MDF 进行优化。

7.2 飞行器学科分析模型

7.2.1 几何分析模型

本书第 6.5 节介绍了基于锥导乘波理论的新型宽速域巡航飞行器设计方法

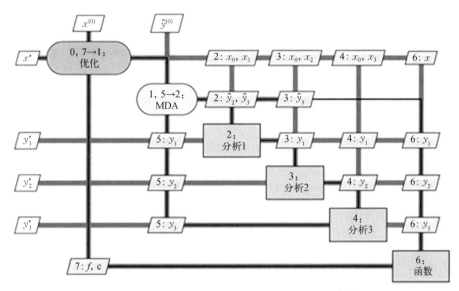

图 7.1　MDF 求解 MDO 问题的学科结构矩阵[170]

及参数化建模方法。该构型不仅具有很好的超声速气动性能,容积率表现也可以接受,并且能够和吸气式发动机进行一体化设计,因此本章将其作为组合动力飞行器 MDO 对象。

按照第 6.5.2 节的参数化建模方法,本章初始设计构型的部分设计参数取值为 $\beta = 15°$, $W = 0.04$, $\delta = 16.7°$($\tan\delta = 0.3$)。将设计马赫数 Ma_d 和设计二面角 φ 作为设计变量。另外,将设计构型进行 FFD 参数化,FFD 网格阵及控制点分布情况与第 6.5.2 节保持一致,可参见图 6.47。本节将第 69 号点的 z 坐标 $\bar{z}_{69}$、72 号点的 z 坐标 $\bar{z}_{72}$ 和 67 号点的 y 坐标 $\bar{y}_{67}$ 作为控制变量(符号上分别定义为 p_{ffd1}、p_{ffd2} 和 p_{ffd3}),与以上两个设计变量共同作为飞行器几何分析模型的输入参数。另外,为了与 7.2.2 节的气动分析模型共同分析,本节的设计变量中还包括了飞行攻角 α。所有设计变量的参数水平分布见表 7.1。

基于表 7.1,本节对几何构型学科进行了 OED 分析,研究了飞行器总表面积 S_{sum}、进气面积 S_{in} 和总体积 V_{sum} 对设计参数的敏感性,从而进一步精简设计变量。对于该 6 设计变量、5 水平的设计问题,本节采用了 $L_{25}(5^6)$ 正交表(见附录表 1),结合表 7.1 中的设计水平值,求解了 25 个样本构型的几何输出参数,见表 7.2。表 7.2 中还列出了各个构型的气动参数值,用于 7.2.2 节的数据分析。

表 7.1　组合动力飞行器外形设计参数及水平分布

水平	$\alpha/(°)$	Ma_d	$\varphi/(°)$	p_{ffd1}	p_{ffd2}	p_{ffd3}
L1	−4	5	30	−0.5	0.4	−0.5
L2	0	6	27.5	−0.25	0.6	−0.25
L3	4	7	25	0	0.8	0
L4	8	8	22.5	0.25	1.0	0.25
L5	12	9	20	0.5	1.2	0.5

表 7.2　组合动力飞行器几何外形和气动参数 OED 分析结果

No.	S_{sum}/m^2	S_{in}/m^2	V_{sum}/m^3	C_L	C_D
1	61.4	0.56	12.91	0.019 88	0.004 68
2	59.54	0.43	14.63	0.015 36	0.003 21
3	56.2	0.36	15.2	0.007 98	0.001 46
4	52.92	0.31	15.19	0.003 13	0.001 04
5	50.69	0.28	14.95	−0.001 07	0.002 26
6	43.85	0.55	8.83	0.012 40	0.001 74
7	65.28	0.43	16.42	0.010 37	0.003 12
8	58.39	0.36	13.43	0.019 10	0.003 77
9	64.55	0.31	21.18	0.050 83	0.017 81
10	50.94	0.29	13.84	0.036 60	0.009 42
11	46.34	0.54	8.27	0.024 70	0.003 69
12	50.35	0.43	13.66	0.050 97	0.016 54
13	73.76	0.36	23.75	0.070 52	0.029 77
14	59.86	0.32	16.52	0.052 15	0.013 67
15	52.65	0.28	12.85	0.048 39	0.011 20
16	57.79	0.54	14.17	0.062 32	0.017 98
17	53.06	0.43	13.45	0.066 58	0.019 28
18	41.94	0.37	9.05	0.057 02	0.015 77
19	61.68	0.31	14.6	0.060 81	0.016 53
20	68.03	0.28	22.62	0.114 23	0.059 34
21	60.83	0.54	13.1	0.076 33	0.023 99
22	50.01	0.44	10.16	0.068 18	0.019 85
23	54.19	0.36	15.68	0.106 89	0.054 10
24	48.15	0.31	12.95	0.103 07	0.046 89
25	69.13	0.27	20.92	0.129 72	0.064 49

基于表 7.2 中的结果,本节使用 ANOVA 方法进行了数据分析,并将各目标

变量在各个设计参数上的方差分析值进行了 F 检验,得到的各目标变量 F_{value} 值分布如表 7.3 所示。由于本试验设计中针对每个检验目标,每个设计参数的组间自由度 $DoFB$ 和组内自由度 $DoFW$ 分别为 4 和 20,参照附录表 2 中重要性水平为 5% 的标准 F 值为 $F_{0.05}=2.87$。由表 7.3 可见,对于 S_{sum},其最重要的设计变量是 p_{ffd3};对于 S_{in},其重要设计变量为 φ;对于 V_{sum},没有任何设计变量的 F_{value} 值大于标准 $F_{0.05}$,即任何设计变量均不对其产生重要影响,考虑到 φ 和 p_{ffd1} 在 V_{sum} 检验中的 F_{value} 值相对较大,因此将其视为具有重要影响的设计参数。综合以上可知,在外形设计学科中,需要考虑的设计变量包括 φ、p_{ffd1} 和 p_{ffd3}。

表 7.3　几何构型 ANOVA 分析各目标变量 F 检验的 F_{value} 值分布

目标	$\alpha/(°)$	Ma_d	$\varphi/(°)$	p_{ffd1}	p_{ffd2}	p_{ffd3}
S_{sum}	0.002 17	0.654 2	0.182 2	0.439 7	0.098 2	14.890 4
V_{sum}	0.008 77	1.153 0	1.731 7	1.283 9	0.399 0	1.900 3
S_{in}	0.001 24	0.013 68	1 480.37	0.000 354	0.001 24	0.000 354

由于在构建飞行器外形的过程中需要不断使用锥导乘波程序,单次设计需要消耗较长时间,不利于将该学科耦合进多学科设计优化流程,因此本节构建 Kriging 代理模型,用于替代该学科输出与输入之间的关系,降低设计成本。由于对于构建代理模型过程,构建飞行器的过程并不算过于耗时,因此本节利用 LHS 充分选择了 100 个设计样本。为了提高 Kriging 模型的精度,本节将输入和输出均进行归一化处理。由于篇幅原因,本节不列出所有样本点及结果。由于结果展示出 S_{in} 本身变化幅度较小,且相比于总表面积的比例较小,因此不再对其进行单独研究,在应用中将其视为一定范围内的可变参数。因此构建的代理模型为

$$[S_{sum}, V_{sum}] = \text{GeoKriging}(\varphi, p_{ffd1}, p_{ffd3}) \tag{7.2}$$

Kriging 模型中的相关函数选择高斯型函数,如方程(2.22)所示,模型的构建关键在于优化高斯函数中的相关系数 Θ,以使方程中的对数似然估计函数 Ln 值达到最大。本节采用 GA 算法对方程进行优化,得到代理目标值为 S_{sum} 时的相关系数 $\Theta(S_{sum})=(0.331\ 2, 0.520\ 2, 0.319\ 4)$,代理目标为 V_{sum} 时的相关系数 $\Theta(V_{sum})=(0.324\ 0, 0.413\ 9, 0.454\ 7)$。为了验证代理模型精度,本节额外选取 10 个随机样本作为验证点,并将其实际响应值与 Kriging 模型的预测值进行对比,结果如图 7.2 所示。

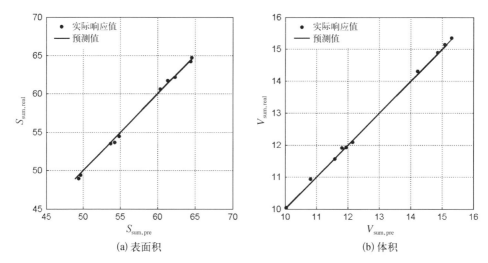

(a) 表面积   (b) 体积

图 7.2 样本点外形输出参数 Kriging 模型预测值与实际响应值比较

在统计学中,采用决定系数 R^2 来判断两组数据的线性关系,对于本节的预测值,当 $R^2 > 0.99$ 时可认为其能够精确代表实际值。R^2 的计算方程为

$$R^2 = 1 - \frac{\sum_{i=1}^{10} (f_{\text{real}} - f_{\text{predicted}})^2}{\sum_{i=1}^{10} (f_{\text{real}} - \bar{f})^2} \quad (7.3)$$

其中,f_{real}、$f_{\text{predicted}}$ 和 $\bar{f}$ 分别表示目标的实际响应值、Kriging 预测值和实际响应值的平均值。对于图 7.2 中的两个目标函数,用 10 个采样点得到的决定系数值分别为 $R^2(S_{\text{sum}}) = 0.999\,9$ 和 $R^2(V_{\text{sum}}) = 0.998\,5$,因此可以认为本节构建的几何构型输出值关于三个设计变量的 Kriging 代理模型足够精确。

综上所述,外形学科的学科函数关系为

$$[S_{\text{sum}}, V_{\text{sum}}] = \text{Geofun}(\varphi, p_{\text{ffd1}}, p_{\text{ffd3}}) \quad (7.4)$$

该函数在 MDO 中可由方程(7.2)中的代理模型替代。

7.2.2 气动分析模型

第 7.2.1 节中已经通过 OED 研究了 6 个设计参数、5 个水平值下的 $L_{25}(5^6)$ 样本值响应。参数水平分布和 OED 分析结果分别见表 7.1 和表 7.2。其中气动系数的获取均采用了第 2.2.1 节和第 2.2.2 节中的工程估算方法。基于 OED 结果,采用 ANOVA 方法分析了气动响应值 C_L 和 C_D 在各个设计变量上的方差分

析值并进行了 F 检验,得到的目标变量 F_{value} 值见表 7.4。可见 6 个设计变量中只有 α 为最重要的设计变量。综合几何学科分析中选定的参数,本节额外将 φ、p_{ffd1} 和 p_{ffd3} 认定为重要设计参数。除此之外,根据空气动力学常识,本节未研究的飞行马赫数 Ma 也是影响飞行器气动参数的重要参数。

表 7.4　气动参数 ANOVA 分析各目标变量 F 检验的 F_{value} 值分布

目标	$\alpha/(°)$	Ma_d	$\varphi/(°)$	p_{ffd1}	p_{ffd2}	p_{ffd3}
C_L	16.960 1	0.023 8	0.368 5	0.692 7	0.056 0	0.110 1
C_D	7.198 3	0.183 6	0.777 1	1.070 1	0.143 4	0.185 6

气动分析虽选择了工程估算方法,但是单次计算仍然需要时间,该时间尽管只有数秒,但在 MDO 的频繁调用过程中却显得很长。因此,本节同样基于 7.2.1 节中 LHS 抽样的 100 个样本点构建了 Kriging 代理模型,其形式为

$$[\,C_L,\ C_D\,] = \text{AeroKriging}(\alpha,\ Ma,\ \varphi,\ p_{ffd1},\ p_{ffd3}) \qquad (7.5)$$

同样选择高斯函数为相关函数,采用 GA 优化得到的代理模型目标为 C_L 的相关系数为 $\Theta(C_L) = (0.800\,3,\ 0.046\,2,\ 0.655\,1,\ 0.254\,3,\ 0.075\,9)$,代理模型目标为 C_D 的相关系数为 $\Theta(C_D) = (0.521\,6,\ 0.580\,24,\ 0.251\,3,\ 0.054\,4,\ 0.212\,2)$。额外选取 10 个随机样本用于验证模型精度,两个目标变量的实际响应值与预测值对比结果如图 7.3 所示。

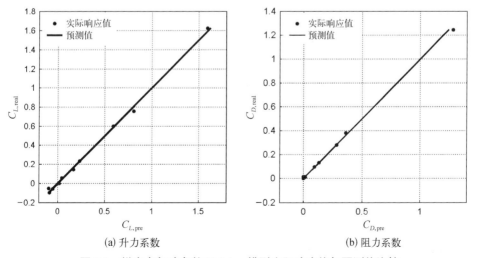

(a) 升力系数　　　　　　　　　　(b) 阻力系数

图 7.3　样本点气动参数 Kriging 模型实际响应值与预测值比较

通过计算图 7.3 中两目标函数的决定系数,得到 $R^2(C_L) = 0.997\,3$ 和 $R^2(C_D) = 0.998\,4$,因此本节建立的气动系数关于 5 个设计变量的 Kriging 代理模型足够精确。

综上所述,在 MDO 方法中,气动学科的函数关系可由方程的代理模型替代。

7.2.3 推进系统模型

组合动力飞行器采用 RBCC 发动机作为推进系统,其推进性能利用第四章构建的 RBCC 热力学分析程序进行计算。由于发动机在不同的马赫数条件下采用不同的模态,在模态转换过程中,推力、比冲等性能将发生很大变化,因此需要根据模态分段构建输出与输入的关系。当前已知发动机性能计算的输入参数包括飞行环境参数(马赫数 Ma 和高度 H)、构型设计参数(入口面积 S_{in} 和产生第一道斜激波的物面角 δ_0)、内部截面比例参数(燃烧室截面比例 A_{rc} 和出口截面比例 A_{re})及燃油节流系数 mct。其中在第四章的研究中已经明确 Ma 是推进性能的关键影响参数之一,为了进一步确定其他设计参数对推力和比冲的影响,本节采用第 2.3 节中介绍的 OED 分析和 ANOVA 方法确定关键输入参数,从而简化了推进系统模型。

采用 $L_{25}(5^6)$ 正交表(见附录表 1),各设计参数及对应的 5 个水平值见表 7.5。在引射模态下,选取 $Ma = 2$ 为来流马赫数条件;在冲压模态下,选取 $Ma = 5$ 为来流马赫数条件;超燃冲压模态下,选取 $Ma = 8$ 为来流马赫数条件。分别计算了 25 个采样点在三种模态下得到的推力 F_T、比冲 I_{sp} 和燃油喷注量 $\dot{m}$,结果见表 7.6。

表 7.5　RBCC 推进系统设计参数及水平分布

水平	$\delta_0/(°)$	H/km	S_{in}/m^2	mct	A_{rc}	A_{re}
L1	5	0	0.2	0.2	0.4	2.5
L2	7	10	0.3	0.4	0.6	3.0
L3	9	20	0.4	0.6	0.8	3.5
L4	11	30	0.5	0.8	1.0	4.0
L5	13	40	0.6	1.0	1.2	4.5

表 7.6　三种模态下推进系统 OED 分析结果

No.	引 射 模 态			冲 压 模 态			超燃冲压模态		
	F_T/kN	I_{sp}/s	$\dot{m}/(\mathrm{kg/s})$	F_T/kN	I_{sp}/s	$\dot{m}/(\mathrm{kg/s})$	F_T/kN	I_{sp}/s	$\dot{m}/(\mathrm{kg/s})$
1	72.57	812.79	9.11	34.46	974.68	3.61	134.22	3 183.58	4.3
2	61.06	506.56	12.3	100.37	3 184.93	3.22	111.05	2 954.91	3.84
3	54.17	351.86	15.71	46.95	3 517.17	1.36	44.72	2 809.32	1.62
4	66.65	320.81	19.54	16.48	3 499.37	0.48	14.92	2 655.35	0.57
5	81.65	321.08	23.44	5.41	3 357.14	0.17	4.78	2 483.45	0.2
6	106.01	791.52	13.67	585.56	3 210.48	18.61	634.16	2 768.04	23.38
7	82.92	515.96	16.4	308.26	3 199.68	9.83	362.26	2 993.47	12.35
8	67.68	351.69	19.64	106.26	3 332.62	3.25	117.38	2 930.92	4.09
9	79.98	320.81	23.44	3.93	2 424.04	0.17	8.07	3 963.86	0.21
10	27.2	321.08	7.81	0.8	3 232.03	0.03	0.98	3 163.75	0.03
11	139.52	781.31	18.22	1 477.44	3 225.22	46.74	1 709.33	2 876.28	60.64
12	103.04	512.95	20.5	95.64	2 810.79	3.47	202.1	4 578.13	4.5
13	81.26	351.86	23.57	54.84	3 170.19	1.77	91.66	4 084.76	2.29
14	26.66	320.81	7.81	6.27	3 425.64	0.19	8.33	3 506.77	0.24
15	40.77	321.08	11.72	2.82	3 377.09	0.09	3.46	3 190.75	0.11
16	178.58	800.03	22.78	761.47	2 986.89	26.01	1 445.28	4 300.91	34.29
17	124.74	517.47	24.6	507.29	3 720.55	13.91	684.37	3 807.95	18.34
18	27.09	351.86	7.86	48.33	3 765.22	1.31	58.76	3 473.37	1.73
19	39.99	320.81	11.72	16.01	3 141.09	0.52	23.4	3 484.12	0.69
20	54.29	321.08	15.63	0.67	2 163.3	0.03	2.57	6 295.12	0.04
21	205.64	767.7	27.33	2 080.98	3 101.51	68.47	3 385.86	3 814.18	90.58
22	41.37	514.83	8.2	288.86	3 477.55	8.48	395.29	3 596.87	11.21
23	40.63	351.86	11.78	16.32	3 091.73	0.54	46.15	6 609.34	0.71
24	53.32	320.81	15.63	11.19	3 754.2	0.3	13.31	6 301.19	0.22
25	67.74	321.08	19.54	3.95	3 100.29	0.13	7.58	4 491.44	0.17

　　对表 7.6 中的结果进行 ANOVA 分析,并对每个目标下的响应值进行 F 检验,结果见表 7.7。已知本试验设计中针对每个检验目标,每个设计参数的组间自由度 $DoFB$ 和组内自由度 $DoFW$ 分别为 4 和 20,参照附录表 2 中重要性水平为 5% 的标准 F 值为 $F_{0.05}=2.87$。从表 7.7 可见,对于引射模态,H 和 S_{in} 为两个

对目标变量具有重要影响的参数,且相比之下,其他参数影响的重要性几乎可以忽略,即 6 个设计变量中,引射模态下只需关注 H 和 S_{in}。类似地,冲压模态下 S_{in} 和 mct 是对目标变量具有重要影响的两个设计参数,而在超燃冲压模态下,对目标变量影响较大的参数包括 δ_0、H 和 S_{in}。总体而言,推进系统分析中对输出具有重要影响的参数包括 δ_0、H、S_{in} 和 mct,若将模态分开考虑,则模型还可进一步简化。

表 7.7 推进系统 ANOVA 分析各目标变量 F 检验的 F_{value} 值分布

模 态	变 量	δ_0	H	S_{in}	mct	A_{rc}	A_{re}
引射模态	F_T	0.103 27	2.881 4	6.634 2	0.064 5	0.096 5	0.062 08
	I_{sp}	0.001 21	0.001 3	3 213.34	0.001 2	0.002 01	0.002 03
	$\dot{m}$	0.005 18	149.251 4	0.148 3	0.003 8	0.005 18	0.003 83
冲压模态	F_T	0.462 33	0.619 9	6.539	0.571 7	0.267 2	0.464 73
	I_{sp}	0.292 83	0.100 7	1.095 5	6.174 6	0.056 98	1.107 92
	$\dot{m}$	0.433 91	0.566 9	7.259 8	0.525 8	0.280 28	0.422 54
超燃冲压模态	F_T	0.553 97	0.648 8	6.015	0.500 9	0.345 75	0.456 03
	I_{sp}	4.483 77	0.344 7	0.245 1	3.009 2	0.127 56	0.078 2
	$\dot{m}$	0.451 58	0.577 7	7.005 3	0.529 8	0.289 03	0.432 52

以上对推进系统具有重要影响的四个设计参数中,δ_0 和 S_{in} 是与外形设计相关的耦合变量,H 是和弹道相关的耦合变量,mct 是推进学科的独立设计变量。因此,经过 OED 分析后的推进模型独立设计变量减少,有利于多学科设计优化过程的简化。综上所述,推进系统的学科函数关系为

$$[F_T, I_{sp}, \dot{m}] = \text{Propfun}(Ma, H, \delta_0, S_{in}, mct) \tag{7.6}$$

7.2.4 质量分析模型

按照文献[250]给出的高超声速飞行器质量评估模型,本节将组合动力飞行器质量详细划分为外部结构质量 m_{str}、发动机结构质量 m_{prop}、机上电子系统质量 m_{ss}、起落架质量 m_{lg}、有效载荷质量 m_{pl}、燃油质量 m_{fuel} 及其他液体质量 m_{of} (如润滑剂、冷却剂)等。其中,飞行器干重 m_f 计算公式为

$$m_f = m_{str} + m_{prop} + m_{ss} + m_{lg} + m_{pl} + m_{of} \tag{7.7}$$

飞行器起飞质量计算公式为

$$m_0 = m_f + m_{fuel} \tag{7.8}$$

将外部结构质量 m_{str} 划分为机身结构质量 m_{fus}、机翼结构质量 m_{wing} 及襟翼结构质量 m_{fins}。它们均与各个部件的面积(S_{fus}、S_{wing} 和 S_{fins})线性相关,比例因子分别为 $UWF_{fus} = 263.8 \ N/m^2$、$UWF_{wing} = 225.5 \ N/m^2$ 和 $UWF_{fins} = 158.0 \ N/m^2$,即

$$\begin{bmatrix} m_{fus} \\ m_{wing} \\ m_{fins} \end{bmatrix} = \begin{bmatrix} UWF_{fus} \cdot S_{fus}/g_0 \\ UWF_{wing} \cdot S_{wing}/g_0 \\ UWF_{fins} \cdot S_{fins}/g_0 \end{bmatrix} \tag{7.9}$$

对于一体化设计的飞行器,为区分机身、机翼等部件,可按照其与飞行器总表面积 S_{sum} 的比例关系确定其面积。

类似地,发动机结构质量 m_{prop} 由比例因子和 UWF_{pro} 及进气道入口面积 S_{in} 的乘积确定。燃油质量 m_{fuel} 计算方法为

$$m_{fuel} = \rho_{fuel} \cdot V_{tank} \cdot k_{PF} \tag{7.10}$$

其中,ρ_{fuel}、V_{tank} 和 k_{PF} 分别为燃油密度、燃油储罐体积和燃油装载系数。V_{tank} 与飞行器总体积的关系为 $V_{tank} = 0.5564 V_{sum}$。其他液体质量 m_{of} 与 m_{fuel} 的关系为 $m_{of} = m_{fuel} \cdot k_{of}$,比例因子 $k_{of} = 0.04$。求解以下方程组:

$$\begin{cases} m_{lg} = 0.03 m_0 \\ m_{ss} = 0.065 m_f + 0.046 m_0 \\ m_{pl} = 0.0918 m_0 \\ m_0 = m_f + m_{fuel} \\ m_f = m_{str} + m_{prop} + m_{ss} + m_{lg} + m_{pl} + m_{of} \end{cases} \tag{7.11}$$

即可求出飞行器的起飞质量 m_0 和干重 m_f。

由以上计算公式可见,除了文献中给出的比例因子,求解飞行器质量需要的输入参数包括飞行器总体积 V_{sum}、总表面积 S_{sum} 和进气道入口面积 S_{in} 等。因此,在多学科分析中采用的质量学科函数关系为

$$[m_0, m_f] = massfun(V_{sum}, S_{sum}, S_{in}) \tag{7.12}$$

7.2.5 弹道性能模型

方程(5.1)~方程(5.5)已经给出了有动力飞行器二维弹道微分方程,方程中推力 F_T 和质量流率 $\dot{m}$ 是在推进系统确定后,根据实时飞行环境和节流系数 mct 计算所得,升力 L 和阻力 D 是在气动外形确定后根据实时飞行环境计算所得。在求解弹道末端参数时,除了需要具备推进和气动的数据储备,便于实时计算当地飞行器受力环境之外,还应根据初始飞行参数及控制变量的实时取值迭代至终止条件。因此弹道末端性能的计算方程如下:

$$\text{StateVar}_f = \text{Trajfun}(\text{StateVar}_0, F_T, L, D, \alpha(t), \dot{m}(t)) \qquad (7.13)$$

其中,

$$\text{StateVar} = [H, v, \Theta, x, m] \qquad (7.14)$$

为了得到最优的终端参数,需要对控制变量 $\alpha(t)$ 和 $\dot{m}(t)$ [注: $\dot{m}(t)$ 是弹道方程中的控制变量,它是由推进系统中的节流系数 mct 控制的,因此实际控制变量是 $mct(t)$,弹道学科中两者不再细分]进行优化。第 5.4 节中已经举例介绍了 Radau 方法在爬升弹道和再入弹道领域的应用,与第 5.4 节不同的是,本节中飞行器的推力和质量不是定值,两者均受控制变量的影响,且推力与飞行环境也直接相关,因此本节的弹道优化更加复杂。

7.3 组合动力飞行器 MDO 框架

组合动力飞行器的总体设计涉及多个学科,由于学科间复杂的耦合关系,每个学科的设计不仅对本学科状态变量产生直接影响,还会对其他学科产生间接影响。将各个学科的所有设计变量分为全局设计变量、学科设计变量和耦合设计变量。其中全局设计中的参数是两个或两个以上学科的输入;学科设计变量只对本学科独立产生影响;耦合设计变量来自其他学科的输出,因此也可称之为耦合状态变量。各学科的输出变量称为状态变量,其中 MDO 最关心的系统状态变量可称为目标变量。例如,本节将弹道学科的爬升时间设为系统目标变量。除此之外,飞行器的起飞质量、航程、有效载荷质量、成本等也是常用的目标变量。

图 7.4 展现了组合动力飞行器设计的简化学科关系矩阵,也是本节 MDO 实

践采用的多学科模型。由图可见,模型考虑了飞行器几何外形、气动、质量、推进和弹道等 5 个学科,为了简化计算,忽略了结构、防热、隐身和成本等学科。其中外形设计采用第 7.2.1 节中的构型设计学科代理模型,根据设计二面角 φ 确定乘波机身的基准外形,并通过 FFD 参数化建模方法对基准构型进行参数化设计。V_{FFD} 代表参数化方法中采用的 FFD 设计变量。l_{ref} 为设计长度,也是构型的参考长度,它决定了飞行器设计尺寸。A_{re} 为发动机出入口面积比,它可以结合设计构型的入口面积 S_{in} 算出出口面积 S_{out},从而帮助确定气动学科实际受力面并计算构型实际外部湿面积 S_{sum}。根据气动外形,可通过面元法得到构型表面面元法向矢量集合 n 及对应面元面积 s,从而用于气动性能的工程估算,根据实时的攻角 α 和飞行马赫数 Ma,得到实时条件下的升力系数和阻力系数。第 7.2.4 节中,典型高超声速巡航飞行器的质量配比利用飞行器外形计算得到的外部湿面积 S_{sum} 和体积 V_{sum} 及发动机进气面积 S_{in},并根据结构材料密度 ρ_s 等参数估算飞行器的初始质量 m_0 和干重 m_f。另外,采用第 7.2.3 节中的 RBCC 推进系统分析模型,利用发动机进气面积 S_{in}、第一道斜激波物面角 δ_0 及燃油节流系数 mct 计算高度 H 和来流马赫数 Ma 条件下的实时推力及燃油喷注量。根据第 7.2.5 节中的弹道优化模型,以气动、质量和推进学科的输出为数据基础,通过优化攻角 α 与燃油节流系数 mct 随时间的变化曲线得到最优控制变量下的弹道末端参数,如爬升时间 t_f、飞行航程 R 等。表 7.8 简洁地展示了各学科的输入和输出变量。

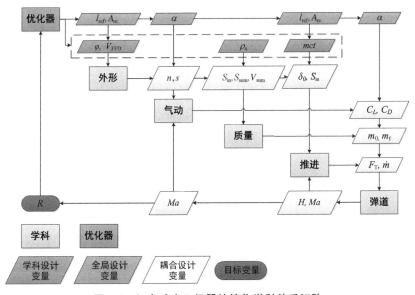

图 7.4　组合动力飞行器的简化学科关系矩阵

表 7.8　组合动力飞行器各学科设计变量与状态变量一览表

学科	学科设计变量	全局设计变量	耦合设计变量	学科状态变量
外形	V_{FFD}、φ	l_{ref}、A_{re}	—	$\boldsymbol{n}$、$\boldsymbol{s}$、δ_0、S_{sum}、S_{in}、V_{sum}
气动	—	α	$\boldsymbol{n}$、$\boldsymbol{s}$、Ma	C_L、C_D
推进	mct	l_{ref}、A_{re}	S_{in}、δ_0、Ma、H	F_T、$\dot{m}$
质量	ρ_s	—	S_{in}、S_{sum}、V_{sum}	m_0、m_f
弹道	—	α	C_L、C_D、m_0、m_f、F_T、$\dot{m}$	t_f、R

7.4　组合动力飞行器 MDO 实现与分析

7.4.1　模型初始化 MDA 分析

初始构型设计马赫数 $Ma_d = 5$，初始设计二面角 $\varphi = 20°$，不通过 FFD 方法进行变形，即初始 $p_{ffd1} = p_{ffd3} = 0$。构型参考长度为 $l_{ref} = 5\,\text{m}$，计算可得构型初始总面积为 $S_{sum} = 14.97\,\text{m}^2$，体积为 $1.668\,\text{m}^3$，进气道入口面积为 $0.14\,\text{m}^2$。根据方程(7.12)可得飞行器起飞质量为 $m_0 = 938\,\text{kg}$，干重 $m_f = 735\,\text{kg}$。采用 RBCC 发动机，发动机内部各截面面积比参照 ESJ 发动机构型设计[124]，第一道斜激波物面角为 $\delta_0 = 5°$，发动机出口与入口面积比为 3.52。由以上关系可计算出一定飞行包线内飞行器升力系数 C_L、阻力系数 C_D、燃油当量比下的流量系数 $\dot{m}$ 和推力 F_T。飞行弹道的任务优化方案列于如下方程：

$$
\begin{cases}
\text{Given} \quad \text{StaeVar}_0 = \begin{bmatrix} 5\,000\,\text{m},\ 550\,\text{m/s},\ 0°,\ 0,\ 938\,\text{kg} \end{bmatrix} \\
\qquad\qquad \text{StaeVar}_f = \begin{bmatrix} 30\,000\,\text{m},\ 3\,017\,\text{m/s} \pm 20\%,\ —,\ —,\ — \end{bmatrix} \\
\text{find} \quad \alpha(t),\ \dot{m}(t) \\
\text{min} \quad t_f \\
\text{s.t.} \quad \begin{bmatrix} 3\,000\,\text{m} \\ 550\,\text{m/s} \\ -40° \\ 0\,\text{m} \\ 732\,\text{kg} \end{bmatrix} \leqslant \text{StaeVar} \leqslant \begin{bmatrix} 50\,000\,\text{m} \\ 5\,000\,\text{m/s} \\ 40° \\ \infty \\ 938\,\text{kg} \end{bmatrix} \\
\qquad -4° \leqslant \alpha \leqslant 30°,\ 0.2 \leqslant mct \leqslant 1.0
\end{cases}
\tag{7.15}
$$

该任务通过控制爬升段的攻角 α 和燃油节流系数 mct 来控制飞行姿态、质量流率与推力大小,从而使飞行器从高度 5 km、马赫数 1.7 爬升到高度 30 km、马赫数 (10.0±20)%的飞行时间最小。

基于 GPOPS-II 程序包,采用 Radau 伪谱法进行弹道优化。优化后的控制变量结果如图 7.5 所示,状态变量结果如图 7.6 所示。优化后的爬升时间为 $t_f = 25.57$ s。

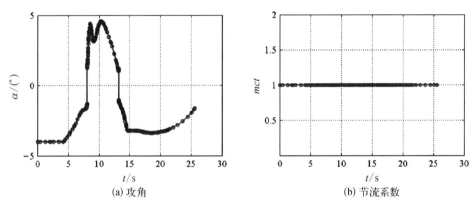

(a) 攻角　　　　　　　　　　　　　(b) 节流系数

图 7.5 初始构型 MDA 分析爬升弹道控制变量优化结果

由图 7.5(a)可见,爬升弹道优化后的攻角前期为负值,且在保持一段时间以后逐渐增大,在 8 s 左右以近乎阶跃的方式增大至第一个峰值 4.4°,经过一段波动后在 10.2 s 开始下降。从图 7.6(b)可见,攻角前期处于负值的阶段大约对应 1 000 m/s 以下的速度,即发动机工作在引射模式。这段时间内由于速度较低,飞行器通过高度下降来寻求高来流动压,从而增大升力,因此前期弹道倾角为负值,飞行高度不断下降,如图 7.6(a)和(d)所示。随着发动机在 8 s 后进入冲压模式,在低高度下产生较大推力,飞行速度迅速增加,飞行动压及升力随之快速增加,飞行高度变化趋势发生转折,并在 10.2 s 以后进入快速爬升阶段,直至到达终端高度,这段的时间弹道倾角快速增加至约束上限并保持至爬升结束。由图 7.5(b)可见,节流系数在整个爬升时间段内均为 1,即发动机始终处于最大推力状态,由于不同模态下发动机的推力输出不一样且不同高度和速度下飞行器所受到的阻力不同,因此速度增大的幅度也有所区别,如图 7.6(b)所示。由图 7.6(c)可见,随着燃油消耗,飞行器质量最终降至781.2 kg 左右,仍大于飞行器空油质量,即飞行任务完成后,飞行器仍有49.4 kg 的燃油余量。

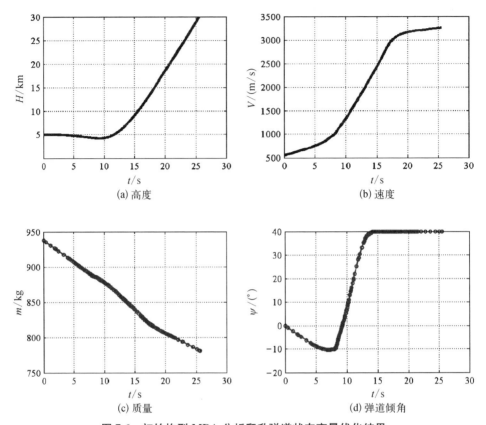

图 7.6　初始构型 MDA 分析爬升弹道状态变量优化结果

7.4.2　MDO 过程和结果

由 MDA 分析可知,单次多学科分析过程中求解最优爬升弹道时需要进行一次非线性规划优化,因此在进行 MDO 时,攻角和节流阀节流系数将被作为弹道学科的学科设计变量进行优化,不作为系统优化变量。将其他学科的学科设计变量及全局设计变量作为系统设计变量,将最优爬升时间作为优化目标,这样便形成了一种两层系统集成优化(bi-level system integrated optimization, BLSIO)的策略。在该策略的基础上,每组设计变量都会首先生成一个确定的飞行器外形及确定性能的发动机,从而也能估算出对应的飞行器质量,为弹道设计提供数据储备。每一次弹道设计都是一次 Radau 伪谱法优化过程,得到相应构型最优爬升弹道的爬升时间。因此多学科优化过程实际上是一种部分双层优化的过程。

图 7.7 展示了 BLSIO 策略的 MDO 数据传递流程图。可见从外层优化流程来看，设计变量包括 l_{ref}、A_{re}、φ 和 FFD 控制参数中的 p_{ffd1} 和 p_{ffd3}。优化变量为弹道爬升时间 t_f。内层弹道优化的设计变量为攻角随时间的变化函数 $\alpha(t)$ 及节流系数随时间的变化函数 $mct(t)$，优化变量是对应设计构型的弹道爬升时间 t_f。在弹道优化过程中，需要不断调用气动和推进学科，以获取实时飞行条件下的气动力、推力和质量流率等数据。因此，在单次 MDA 过程中，弹道优化分析是最耗时的一环。

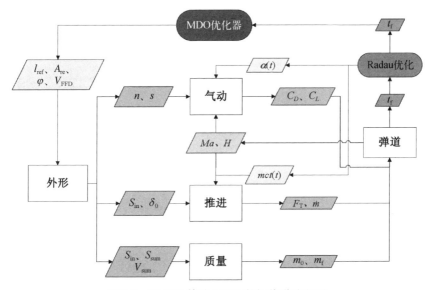

图 7.7　BLSIO 策略 MDO 数据传递流程图

由于在推进系统的学科分析中已经忽略了 A_{re} 对发动机性能的影响，因此在 MDO 过程中，该参数仅作为约束的必要参数，实践中并未将其作为设计变量。另外，在几何外形的学科分析中可见，φ 之所以作为重要变量是因为对进气面积产生了重要影响，但由于实际建立代理模型时发现所有样本点的进气道入口面积变化很小，因此 MDO 中也不再将 φ 作为设计变量，而是设为固定值 $\varphi = 20°$。一般在外形设计中，产生第一道斜激波的圆锥角 δ_0 是由外形设计参数决定的，但是实际操作中还需根据发动机的需求进行调整。由于飞行器的翼身融合部分是主要受力面，因此 δ_0 较小的变动不会对气动性能产生较大影响，但会对发动机冲压和超燃冲压模态下的性能产生较大影响，因此 MDO 中将 δ_0 作为设计变量。综上所述，本章的 MDO 问题总体可描述为

$$
\begin{cases}
\text{find} & l_{\text{ref}}, \delta_0, p_{\text{ffd1}}, p_{\text{ffd3}} \\
\text{min} & t_{\text{f}} \\
\text{s.t.} & m_0 > m_{\text{f}} \\
& \varphi = 20°, \quad \delta_{\text{min}} < \delta_0 < \delta_{\text{attach}} \\
& A_{\text{re}} \cdot S_{\text{in}} < S_{\text{back}} \\
& Ma > Ma_{\text{min}}, \quad H_{\text{min}} < H < H_{\text{f}}
\end{cases}
\tag{7.16}
$$

其中，δ_{attach} 是在超声速条件下产生附体激波要求的最大物面角；S_{back} 是飞行器底面面积，它必须大于发动机喷管的出口面积。优化问题中还分别对飞行高度和马赫数加以限制，以使各学科的代理模型能够进行合理的预测，且飞行不会受地面地形的干扰。

为了保证优化过程的收敛(尤其是弹道优化过程的收敛)，以及保证优化过程中不会产生畸变较大的构型，本章 MDO 过程对设计参数的取值进行了一定的限制。在第 7.4.1 节基准构型的基础上，l_{ref} 的取值范围为 4.5 m $\leqslant l_{\text{ref}} \leqslant$ 5.5 m，两个 FFD 控制参数均取 0 时的构型为初始构型，为避免较大畸变，取 $-0.2 \leqslant p_{\text{ffd1}} \leqslant 0.2$，$-0.2 \leqslant p_{\text{ffd3}} \leqslant 0.2$。$\delta_0$ 数值的选择既要满足附体激波生成条件，又要具备装填能力，因此本节取值范围为 $5° \leqslant \delta_0 \leqslant 7°$。

系统优化过程采用遗传算法，每代种群规模为 40，最大迭代次数为 100，收敛条件是结果平均误差值小于 10^{-6}。优化目标仍为第 7.4.1 节中介绍的弹道爬升时间，弹道初始参数和末端参数与方程(7.15)保持一致(初始质量除外，它由质量学科计算得到)。

优化过程在 12 核并行的计算机上共进行了 28.8 小时，于第 52 代满足终止条件而结束。MDO 系统优化过程中弹道爬行时间的每代平均值及最小值如图 7.8 所示。可见 GA 收敛过程很快，每代平均值与最小值逐渐趋于一致，两者重合时表明该进化代内的所有样本收敛于最优点。优化过程中各设计参数归一化后的每代平均值迭代分布如图 7.9 所示。可见在迭代过程中，参考长度收敛于约束范围内的最小值，其他三个设计参数收敛于设计范围内的最大值，即最优解的设计参数值为：$l_{\text{ref}} = 4.5$ m，$\delta_0 = 7°$，$p_{\text{ffd1}} = 0.2$，$p_{\text{ffd3}} = 0.2$，对应 t_{f} 的最优值为 23.01 s。

基于以上设计参数，可直接得到最优解对应的飞行器构型，如图 7.10 所示。图 7.10 所示的基准构型相比于图 6.45 中的基准构型变得更加细长，尾部向内收缩，使得翼展更小、最大厚度更小、底部面积更小。该构型的表面积为 $S_{\text{sum}} = 11.11$ m^2，体积为 1.077 m^3，进气道入口面积为 0.11 m^2。根据方程(7.12)可得飞

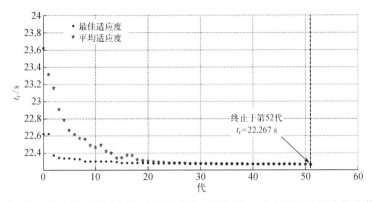

图 7.8　MDO 系统优化过程中 GA 中的目标每代平均值及最小值变化趋势

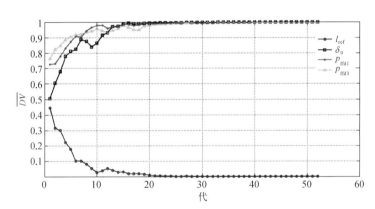

图 7.9　GA 中设计参数归一化后的每代平均值变化趋势

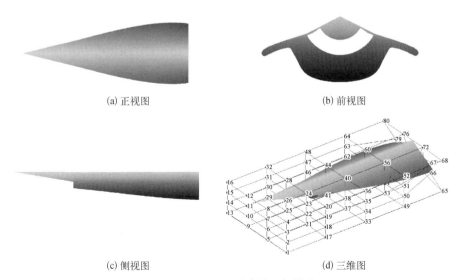

(a) 正视图　　　　　　　　　　(b) 前视图

(c) 侧视图　　　　　　　　　　(d) 三维图

图 7.10　MDO 结果对应的飞行器外形

行器起飞质量为 $m_0 = 683 \, \text{kg}$, 干重 $m_\text{f} = 550 \, \text{kg}$。

由于进气面积及发动机内部结构未改变,因此发动机的工作性能基本不发生改变,只是会随弹道曲线的不同,在不同时间产生不同的推力输出与燃油消耗量。

7.4.3　优化构型性能分析

图 7.11 展示了 MDO 优化结果对应的飞行器最小爬升时间弹道参数随时间的变化曲线。

相比于图 7.5 中的初始构型控制变量,优化后的设计攻角更早地进入增大阶段,且在 5 s 附近从负值增大到正值,之后继续增加,于 9.2 s 达到最大值 7.6°。在爬升末期,两者攻角均为负值,但 MDO 结果对应的攻角变化更为平缓。从图 7.11(b) 与图 7.5(b) 中的节流系数对比可见,两者均代表了发动机在爬升过程中始终处于满功率工作状态。另外,从图 7.11(c) 和图 7.6(a) 的对比可见,优化后的结果前期高度下降量更小,在爬升前期基本处于平飞加速的状态。飞行器

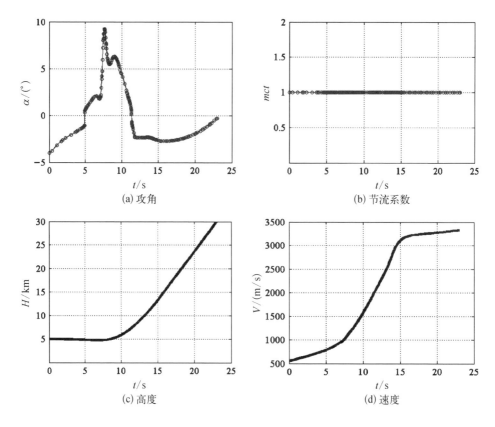

(a) 攻角　　　　　　　　　　　　(b) 节流系数

(c) 高度　　　　　　　　　　　　(d) 速度

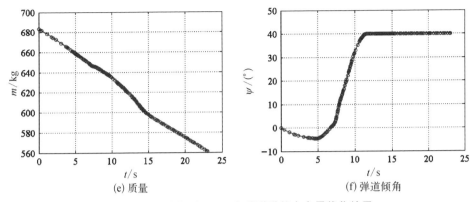

(e) 质量　　　　　　　　　　　(f) 弹道倾角

图 7.11　初始构型 MDA 爬升弹道状态变量优化结果

爬升结束后质量约为 560 kg,约剩余 10 kg,相比于初始设计剩余质量的比例更小。除了以上区别及飞行器进入各工作模态的时间区别外,两者的速度变化曲线和弹道倾角曲线均比较相似。

图 7.12 展示了优化后的发动机在优化弹道曲线上的推力输出随时间的变化。可见在引射模态下,发动机推力随着速度的增加而增大,当满足冲压模态和超燃冲压模态条件后,发动机推力先骤增后继续增加,在冲压向超燃冲压转换时推力发生骤减,后继续增大,整体而言,在这两个模态下发动机有较大的推力输出。当马赫数超过 10,发动机进入纯火箭模态后,发动机推力骤减,这也对应了速度变化曲线中马赫数 10 以上缓慢的速度增加趋势。

图 7.13 展示了优化后构型的升阻比随马赫数和攻角的变化关系。图 7.14(a) 将 $Ma=5$ 条件下的该构型升阻比随攻角变化曲线与初始构型进行了对比,可见

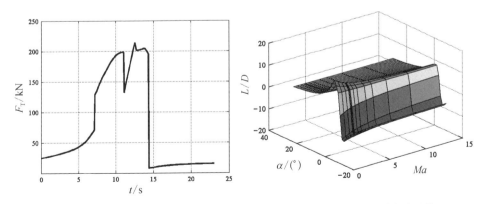

图 7.12　MDO 结果对应发动机在
　　　　　优化弹道上的性能曲线

图 7.13　MDO 结果对应外形的
　　　　　气动性能曲面

优化构型的最大升阻比大于初始构型,且在负攻角及小攻角条件下升阻比随攻角的变化更加剧烈,即鲁棒性稍差。将两者的升力系数与阻力系数随攻角的变化关系进行对比(图7.14(b)),可以发现两者的气动参数具有很大差距,优化后的构型升力系数与阻力系数在正攻角条件下均小于初始构型,且随攻角变化的幅度小于初始构型。

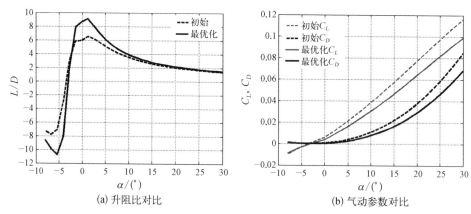

(a) 升阻比对比   (b) 气动参数对比

图 7.14　MDO 结果构型在 $Ma=5$ 条件下的气动性能比较

从优化结果可见,尽管优化构型的气动性能优于初始构型,但在完成同样的任务过程中,优化构型对应的燃油消耗比例更大,爬升结束后可供巡航的燃油余量很少,即如果保证同样比例的燃油余量,初始构型可以有更大比例的质量用于装填有效载荷。因此从学科分析上看,两类设计均具有优势和不足,但 MDO 能够在分析各学科的基础上寻找既定任务的最优解,因此具备较大的应用价值。另外,MDO 策略更多是一种数学问题,历史上发展而来的多种策略往往在工程实际中不能直接照搬应用,而应根据实际问题进行调整和优化。例如本节应用的 BLSIO 策略是在 MDF 的基础上发展而来的,使得其更加适用于宽速域巡航飞行器爬升性能的 MDO,因此工程应用客观上也可以促进 MDO 理论的发展与完善。

7.5　小结

本章首先介绍了 MDO 研究中普遍应用的分析方法及 MDF 策略,然后针对组合动力飞行器这一特殊研究对象,利用参数化建模、正交试验设计和构建代理模型等方法对外形、气动、推进和质量等学科的输入与输出关系进行了精简和建模，根据各个学科模型梳理了多学科之间的复杂耦合关系，建立了学科关系矩阵，并以初始设计模型为基准，进行了多学科设计分析，得到了以爬升时间最短为最终目标的弹道分析结果。

在 MDF 策略的基础上，结合代理模型及基于伪谱法的弹道优化设计，提出了 BLSIO 策略，该策略在 MDA 分析过程中只对弹道学科进行优化，其他学科的设计参数及全局设计参数均在系统级进行优化，因此每个 MDA 结果均是相应构型设计的最优弹道。组合动力飞行器的 MDO 系统级优化对象包含了全局设计变量、学科设计变量，优化目标为特定爬升任务的飞行器最小爬升时间。MDO 的结果包括一个飞行器构型和其最优的爬升弹道曲线。通过比较优化构型和参考构型的性能发现，优化构型的气动性能优于初始构型，但爬升过程会消耗更大比例的燃油，这表明尽管 MDO 结果不能保证得到的设计在各个学科均表现最优，但能够在学科矛盾中发现对总体性能最有利的设计方案。因此，在飞行器的设计中，MDO 具有重要的研究和应用价值。MDO 策略的应用也应视具体工程问题进行相应调整和改进。

参 考 文 献

［1］ Sippel M, Bussler L, Kopp A, et al. Advanced Simulations of Reusable Hyper-sonic Rocket-Powered Stages［C］. Xiamen：21st AIAA International Space Planes and Hypersonic Systems and Technologies Conference, 2017.

［2］ Sippel M, Trivailo O, Bussler L, et al. Evolution of the Space Liner towards a Reusable TSTO-Launcher［C］. Guadalajara：International Astronautical Congress 2016, 2016：1－22.

［3］ Sziroczak D, Smith H. A review of design issues specific to hypersonic flight vehicles［J］. Progress in Aerospace Sciences, 2016, 84：1－28.

［4］ 廖孟豪.从国防预算看美军高超声速技术科研布局和发展［J］.飞航导弹,2017(11)：17－20.

［5］ 王璐,韩洪涛.美军2019财年高超声速研究项目的预算分析［R］.北京：航天科技情报展望,2018.

［6］ 张连庆,特日格乐,姚源.从美国2018财年国防预算看其高超声速技术发展动向［J］.中国航天,2017(8)：22－26.

［7］ 马娜,门薇薇,王志强,等.SR－72高超声速飞机研制分析［J］.飞航导弹,2017(1)：14－20.

［8］ 张灿,林旭斌,胡冬冬,等.2018年国外高超声速飞行器技术发展综述［J］.飞航导弹,2019(2)：1－5+15.

［9］ 韩洪涛,王璐,郑义.2019年国外高超声速技术发展回顾［J］.飞航导弹,2020(5)：14－18+25.

［10］ Steelant J, Langener T, Matteo F D, et al. Conceptual Design of the High-Speed Propelled Experimental Flight Test Vehicle HEXAFLY［C］. Glasgow：20th AIAA International Space Planes and Hypersonic Systems and Technologies Conference, 2015.

［11］ 宋巍,梁轶,王艳,等.2018年国外高超声速技术发展综述［J］.飞航导弹,2019(5)：7－12.

［12］ 郭冠宇,刘都群.俄罗斯锆石高超声速导弹发展分析［J］.飞航导弹,2019(11)：31－33.

［13］ 张嘉毅.日本公布高超声速武器发展计划［J］.科技中国,2019(12)：108.

［14］ 杨金龙,林旭斌.日本高速高超声速导弹计划分析［J］.飞航导弹,2019(1)：27－30+53.

［15］ 张灿,叶蕾.法国高超声速技术最新发展动向［J］.飞航导弹,2019(6)：25－26+51.

［16］ Viviani A, Pezzella G. Aerodynamic and Aerothermodynamic Analysis of Space Mission Vehicles［M］. Switzerland：Springer International Publishing, 2015.

[17] Roshanian J, Keshavarz Z. Effect of variable selection on multidisciplinary design optimization: a flight vehicle example[J]. Chinese Journal of Aeronautics, 2006, 20: 86 - 96.

[18] Silvestro B, Onur B, Rafic M A, et al. A review of morphing aircraft[J]. Journal of Intelligent Material Systems and Structures, 2011, 22 (9): 823 - 877.

[19] Afonso F, Vale J, Lau F, et al. Performance based multidisciplinary design optimization of morphing aircraft[J]. Aerospace Science and Technology, 2017, 67: 1 - 12.

[20] Liu Y B, Chen B Y, Xiao D B, et al. Multidisciplinary parameterization study-based control-centric idea for hypersonic morphing vehicle[J]. Transactions of the Institute of Measurement and Control, 2014, 36 (5): 709 - 720.

[21] Liu Y B, Hua B. Control integrated design of active deformation and intrinsic elasticity for morphing waverider[J]. Journal of Vibration and Control, 2017, 23 (7): 1073 - 1085.

[22] 罗浩,张登成,张艳华,等.宽速域高超声速飞行器设计与气动特性研究[J].飞行力学, 2019,37(02): 26 - 30.

[23] 张登成,罗浩,张艳华,等.宽速域变构型高超声速飞行器气动特性研究[J].固体火箭技术,2019,42(01): 128 - 134.

[24] Dou L Q, Su P H, Ding Z T. Modeling and nonlinear control for air breathing hypersonic vehicle with variable geometry inlet[J]. Aerospace Science and Technology, 2017, 67: 422 - 432.

[25] Zhao Z T, Huang W, Yan L, et al. An overview of research on wide-speed range waverider configuration[J]. Progress in Aerospace Sciences, 2020, 113: 100606.

[26] 韩忠华,孙祥程,许建华,等.适用于高超声速飞行器的宽速域翼型气动优化设计方法研究[C].南京: 第九届全国流体力学学术会议,2016: CSTAM2016 - A56 - B9027.

[27] Wang F M, Ding H H, Lei M F. Aerodynamic characteristics research on wide-speed range waverider configuration[J]. Science in China Series E Technological Sciences, 2009, 52 (10): 2903 - 2910.

[28] 陈立立.参数化高超声速巡航飞行器组合布局设计与气动优化分析[D].长沙: 国防科技大学,2019.

[29] Li S B, Huang W, Wang Z G, et al. Design and aerodynamic investigation of a parallel vehicle on a wide-speed range[J], Science China Information Sciences, 2014, 57: 128201 (10).

[30] Li S B, Luo S B, Huang W, et al. Influence of the connection section on the aerodynamic performance of the tandem waverider in a wide speed range[J]. Aerospace Science and Technology, 2013, 30: 50 - 65.

[31] Zhao Z T, Huang W, Li S B, et al. Variable Mach number design approach for a parallel waverider with a wide-speed range based on the osculating cone theory[J]. Acta Astronautica, 2018, 147: 163 - 174.

[32] Zhao Z T, Huang W, Yan L, et al. Low speed aerodynamic performance analysis of vortex lift waveriders with a wide-speed range[J]. Acta Astronautica, 2019, 161: 209 - 221.

[33] Zhang T T, Wang Z G, Huang W, et al. Parameterization and optimization of hypersonic-

gliding vehicle configurations during conceptual design [J]. Aerospace Science and Technology, 2016, 58: 225 – 234.

[34] Zhang T T, Wang Z G, Huang W, et al. A review of parametric approaches specific to aerodynamic design process[J]. Acta Astronautica, 2018, 145: 319 – 331.

[35] Deng F, Jiao Z H, Chen J, et al. Overall performance analysis — oriented aerodynamic configuration optimization design for hypersonic vehicles [J]. Journal of Spacecraft and Rockets, 2017, 54 (5): 1 – 12.

[36] Ma Y, Yang T, Feng Z, et al. Hypersonic lifting body aerodynamic shape optimization based on the multiobjective evolutionary algorithm based on decomposition[J]. Journal of Aerospace Engineering, 2015, 229 (7): 1246 – 1266.

[37] Xia C C, Jiang T T, Chen W F. Particle swarm optimization of aerodynamic shapes with nonuniform shape parameter — Based radial basis function [J]. Journal of Aerospace Engineering, 2016, 30 (3): 04016089.

[38] Sripawadkul V, Padulo M, Guenov M. A Comparison of Airfoil Shape Parameterization Techniques for Early Design Optimization [C]. Fort Worth: 13th AIAA/ISSMO Multidisciplinary Analysis Optimization Conference, 2010.

[39] Masters D A, Taylor N J, Rendall T, et al. A Geometric Comparison of Aero foil Shape Parameterisation Methods[C]. San Diego: 54th AIAA Aerospace Sciences Meeting, 2016.

[40] Masters D A, Taylor N J, Rendall T C S, et al. Geometric comparison of aerofoil shape parameterisation methods[J]. AIAA Journal, 2017, 55 (5): 1 – 15.

[41] Zeeshan Q, Yunfeng D, Nisar K, et al. Multidisciplinary design and optimization of multistage ground-launched boost phase interceptor using hybrid search algorithm[J]. Chinese Journal of Aeronautics, 2010, 23: 170 – 178.

[42] Huang W, Li L Q, Yan L, et al. Drag and heat flux reduction mechanism of blunted cone with aerodisks[J]. Acta Astronautica, 2017, 138: 168 – 175.

[43] Javaid K H, Serghides V C. Airframe-propulsion integration methodology for waverider-derived hypersonic cruise aircraft design concepts[J]. Journal of Spacecraft and Rockets, 2005, 42 (4): 663 – 671.

[44] Boyi C, Yanbin L, Haidong S, et al. Surrogate modeling of a 3D scramjet powered hypersonic vehicle based on screening method IFFD[J]. Proceedings of the Institution of Mechanical Engineers, Part G: Journal of Aerospace Engineering, 2016, 231 (G2): 265 – 278.

[45] Zhang W, Zhao L, Gao T, et al. Topology optimization with closed B-splines and Boolean operations[J]. Computer Methods in Applied Mechanics and Engineering, 2017, 315: 652 – 670.

[46] Giannakoglou K C. Design of optimal aerodynamic shapes using stochastic optimization methods and computational intelligence[J]. Progress in Aerospace Sciences, 2002, 38 (1): 43 – 76.

[47] Jianzhong Y, Farooq S, Ion P. Efficient Optimized Airfoil Parameterization[C]. Reno: 41st Aerospace Sciences Meeting and Exhibit, 2003.

[48] Manuel B, Florent R, Jacques P, et al. Two-Dimensional Aerodynamic Optimization Using

the Discrete Adjoint Method with or without Parameterization[C]. Honolulu：20th AIAA Computational Fluid Dynamics Conference, 2011.

[49] Masters D A, Taylor N J, Rendall T C S, et al. Multilevel subdivision parameterization scheme for aerodynamic shape optimization[J]. AIAA Journal, 2017, 55 (10)：3288 - 3303.

[50] Nordangera K, Holdahl R, Kvamsdal T, et al. Simulation of airflow past a 2D NACA0015 airfoil using an isogeometric incompressible Navier - Stokes solver with the Spalart - Allmaras turbulence model[J]. Computer Methods in Applied Mechanics and Engineering, 2015, 290：183 - 208.

[51] Tian C, Li N, Gong G, et al. A parameterized geometry design method for in ward turning inlet compatible waverider[J]. Chinese Journal of Aeronautics, 2013, 26 (5)：1135 - 1146.

[52] Kontogiannis K, Sóbester A S, Taylor N. Efficient parameterization of wa verider geometries [J]. Journal of Aircraft, 2017, 54 (3)：890 - 901.

[53] Brenda K. Recent Extensions and Applications of the "CST" Universal Parametric Geometry Representation Method [C]. Belfast：7th AIAA ATIO Conference, 2nd CEIAT Int'l Conference on Innov and Integr in Aero Sciences, 17th LTA Systems Technology Conference; followed by 2nd TEOS Forum, 2007.

[54] Kulfan B M. A Universal Parametric Geometry 4epresentation Method — "CST"[C]. Reno：45th AIAA Aerospace Sciences Meeting and Exhibit, 2007.

[55] Marco C, Marcelo H, Ernani V. A Study of the CST Parameterization Characteristics[C]. San Antonio：27th AIAA Applied Aerodynamics Conference, 2009.

[56] Kevin L, David M. Inverse Airfoil Design Utilizing CST Parameterization[C]. Publisher：48th AIAA Aerospace Sciences Meeting Including the New Horizons Forum and Aerospace Exposition, 2010.

[57] David D M. Creating Exact Bezier Representations of CST Shapes[C]. SanDiego：21st AIAA Computational Fluid Dynamics Conference, 2013.

[58] Straathof M H, Tooren M J L V, Voskuijl M, et al. Aerodynamic Shape Parameterisation and Optimisation of Novel Configurations[M]. Netherlands：OAI, 2008.

[59] Straathof M. Shape Parameterization in Aircraft Design：A Novel Method Based on B-Splines [D]. Delft：Delft University of Technology, 2012.

[60] Straathof M H. Parametric study of the class-shape-refinement-transformation method[J]. Optimization, 2012, 61 (6)：637 - 659.

[61] Straathof M H, Carpentieri G, L Van Tooren M J. Aerodynamic shape optimization using the adjoint Euler equations[J]. Engineering Computations, 2013, 30 (4)：469 - 493.

[62] Straathof M H, L van Tooren M J. Extension to the class-shape-transformation method based on B-splines[J]. AIAA Journal, 2011, 49 (4)：780 - 790.

[63] Guan X. Supersonic wing - body two-level wave drag optimization using extended far-field composite-element methodology[J]. AIAA Journal, 2014, 52 (5)：981 - 990.

[64] Morris C C, Allison D L, Schetz J A, et al. Parametric geometry model for design studies of tailless supersonic aircraft[J]. Journal of Aircraft, 2014, 51 (5)：1455 - 1466.

[65] Wang J, Cai J, Duan Y, et al. Design of shape morphing hypersonic inward turning inlet

using multistage optimization[J]. Aerospace Science and Technology, 2017, 66: 44 - 58.

[66] Zhang B, Yang T, Ma Y, et al. Fast Computation of Hypersonic Gliding Lifting Body Aerodynamic Based on Configuration Parameters[C]. Hangzhou: 7th International Conference on Intelligent Human-Machine Systems and Cybernetics, 2015: 194 - 197.

[67] Chiba K, Obayashi S. Data mining for multidisciplinary design space of regional-jet wing[J]. Journal of aerospace Computing, Information and Communication, 2007, 4: 1019 - 1036.

[68] Chiba K, Oyama A, Obayashi S, et al. Multidisciplinary design optimization and data mining for transonic regional-jet wing[J]. Journal of Aircraft, 2007, 44 (4): 1100 - 1112.

[69] Jeong S, Shimoyama K. Review of data mining for multi-disciplinary design optimization[J]. Part G: Journal of Aerospace Engineering, 2010, 225: 1 - 11.

[70] Zhu F, Qin N. Intuitive class/shape function parameterization for airfoils[J]. AIAA Journal, 2014, 52 (1): 17 - 25.

[71] Ziemkiewicz D. Simple parametric model for airfoil shape description[J]. AIAA Journal, 2017, 55 (12): 4390 - 4393.

[72] Hicks R M, Henne P A. Wing design by numerical optimization[J]. Journal of Aircraft, 1978, 15 (7): 407 - 412.

[73] Masters D A, Poole D J, Taylor N J, et al. Influence of shape parameterization on a benchmark aerodynamic optimization problem[J]. Journal of Aircraft, 2017, 54 (6): 2242 - 2256.

[74] Li Z, Zheng X. Review of design optimization method for turbomachinery aerodynamics[J]. Progress in Aerospace Sciences, 2017, 93: 1 - 23.

[75] Bobrowski K, Ferrer E, Valero E. Aerodynamic shape optimization using geometry surrogates and adjoint method[J]. AIAA Journal, 2017, 55 (10): 3304 - 3317.

[76] Poole D, Allen C, Rendall T. Free-Form Aerodynamic Wing Optimization Using Mathematically-Derived Design Variables[C]. Dallas: 16th AIAA/ISSMO Multidisciplinary Analysis and Optimization Conference, 2010.

[77] Zhang Y, Fang X, Chen H, et al. Supercritical natural laminar flow airfoil optimization for regional aircraft wing design[J]. Aerospace Science and Technology, 2015, 43: 152 - 164.

[78] Liu C, Duan Y, Cai J, et al. Application of the 3D multi-block CST method to hypersonic aircraft optimization[J]. Aerospace Science and Technology, 2016, 50: 295 - 303.

[79] Su H, Gu L, Gong C. Research on Geometry Modeling Method Based on Three dimensional CST Parameterization Technology[C]. Dallas: 16th AIAA/ISSMO Multidisciplinary Analysis and Optimization Conference, 2015.

[80] Straathof M H, Tooren M J L V. Adjoint optimization of a wing using the class-shape-refinement-transformation method[J]. Journal of Aircraft, 2012, 49 (4): 1091 - 1100.

[81] Han X, Zingg D W. An adaptive geometry parametrization for aerodynamic shape optimization [J]. Optimization and Engineering, 2014, 15 (1): 69 - 91.

[82] Martin M J, Andres E, Lozano C, et al. Volumetric b-splines shape parametrization for aerodynamic shape design[J]. Aerospace Science and Technology, 2014, 37: 26 - 36.

[83] Theisinger J E, Braun R D. Multi-objective hypersonic entry aeroshell shape optimization[J].

Journal of Spacecraft and Rockets, 2009, 46 (5): 957 - 966.

[84] Palacios F, Colonno M R, Aranake A C, et al. Stanford University Unstructured (SU2): An Open-Source Integrated Computational Environment for Multi-physics Simulation and Design [C]. Grapevine: 51st AIAA Aerospace Sciences Meeting including the New Horizons Forum and Aerospace Exposition, 2013.

[85] Palacios F, Economon T D, Aranake A C, et al. Stanford University Unstructured (SU2): Open source Analysis and Design Technology for Turbulent Flows[C]. National Harbor: 52nd Aerospace Sciences Meeting, 2014.

[86] Xia C, Tao Y, Jiang T, et al. Multiobjective shape optimization of a hypersonic lifting body using a correlation-based transition model[J]. Proceedings of the Institution of Mechanical Engineers, Part G: Journal of Aerospace Engineering, 2016, 230 (12): 2220 - 2232.

[87] Gagnon H, Zingg D. Two-Level Free-Form Deformation for High-Fidelity Aerodynamic Shape Optimization[C]. Indianapolis: 12th AIAA Aviation Technology, Integration, and Operations (ATIO) Conference and 14th AIAA/ISSMO Multidisciplinary Analysis and Optimization Conference, 2012.

[88] Viviani A, Iuspa L, Aprovitola A. Multi-objective optimization for re-entry spacecraft conceptual design using a free-form shape generator[J]. Aerospace Science and Technology, 2017, 71: 312 - 324.

[89] Koo D, Zingg D W. Investigation into aerodynamic shape optimization of planar and nonplanar wings[J]. AIAA Journal, 2018, 56 (1): 250 - 263.

[90] Lee C, Koo D, Zingg D W. Comparison of B-spline surface and free-form deformation geometry control for aerodynamic optimization[J]. AIAA Journal, 2016, 55 (1): 228 - 240.

[91] Li R, Xu P, Peng Y, et al. Multi-objective optimization of a high-speed train head based on the FFD method[J]. Journal of Wind Engineering and Industrial Aerodynamics, 2016, 152: 41 - 49.

[92] Huang W, Yan L, Tan J G. Survey on the mode transition technique in combined cycle propulsion systems[J]. Aerospace Science and Technology, 2014, 39: 685 - 691.

[93] None. Double SpaceX rocket launch[J]. New Scientist, 2017, 235 (3132): 7.

[94] Wood D E. Investigations of an innovative combined cycle nozzle [D]. Tuscaloosa: The University of Alabama, 2009.

[95] Culver G. Probabilistic Performance Comparison of RBCC and TBCC-based Reusable Launch Vehicles with Enhancing Technologies[C]. Huntsville: 39th AIAA/ASME/SAE/ASEE Joint Propulsion Conference and Exhibit, 2013.

[96] Zhao W, Huang C, Zhao Q, et al. Performance analysis of a pre-cooled and fuel-rich pre-burned mixed-flow turbofan cycle for high speed vehicles[J]. Energy, 2018, 154: 96 - 109.

[97] Zhang T T, Wang Z G, Huang W, et al. The overall layout of rocket-based combined cycle engines: A review [J]. Journal of Zhejiang University-SCIENCE A (Applied Physics & Engineering), 2019, 20 (3): 163 - 183.

[98] Escher W J, Schnurstein R E. A retrospective on Early Cryogenic Primary Rocket Subsystem Designs as Integrated into Rocket-Based Combined-Cycle (RBCC)[C]. Monterey: 29th Joint Propulsion Conference and Exhibit, 1993.

[99] Foster R W. Optimization of the Rocket Mode Trajectory in a Rocket Based Combined Cycle (RBCC) Engine Powered SSTO Vehicle[C]. Monterey: 25th AIAA/ASME/SAE/ASEE 25th Joint Propulsion Conference, 1989.

[100] Bolender M A, Doman D B. Nonlinear longitudinal dynamical model of an air-breathing hypersonic vehicle[J]. Journal of Spacecraft and Rockets, 2007, 44 (2): 374 – 387.

[101] Harsha P, Keel L, Castrogiovanni A, et al. X – 43A Vehicle Design and Manu facture[C]. Capua: AIAA/CIRA 13th International Space Planes and Hypersonics Systems and Technologies Conference, 2005.

[102] Marshall L, Bahm C, Corpening G, et al. Overview With Results and Lessons Learned of the X – 43A Mach 10 Flight[C]. Capua: AIAA/CIRA 13th International Space Planes and Hypersonics Systems and Technologies Conference, 2005.

[103] Huang W, Du Z B, Yan L, et al. Flame propagation and stabilization in dual mode scramjet combustors: A survey[J]. Progress in Aerospace Sciences, 2018, 101: 13 – 30.

[104] Perkins H, Thomas S, Pack W, et al. Mach 5 to 7 RBCC propulsion system testing at NASA-LeRC HFT[J]. Optics Letters, 1997, 39 (12): 3472.

[105] Perkins H D, Thomas S R, Debonis J R. Rocket-based combined cycle propulsion system testing[J]. Journal of Propulsion & Power, 1998, 14 (6): 1065 – 1067.

[106] Kanda T, Tani K, Kudo K. Conceptual study of a rocket-ramjet combined cycle engine for an aerospace plane[J]. Journal of Propulsion & Power, 2007, 23 (2): 301 – 309.

[107] Kodera M, Tomioka S, Ueda S, et al. Numerical Analysis of Scramjet Mode Operation of a RBCC Engine[C]. Tours: 18th AIAA/3AF International Space Planes and Hypersonic Systems and Technologies Conference, 2012.

[108] Kanda T, Kato K, Tani K, et al. Experimental study of a combined-cycle engine combustor in ejector-jet mode[J]. Journal of Propulsion & Power, 2007, 723 (6): 1153 – 1159.

[109] Takegoshi M, Tomioka S, Ueda S, et al. Performances of a Rocket Cham ber for the Combined-Cycle Engine at Various Conditions[C]. Canberra: 14th AIAA/AHI Space Planes and Hypersonic Systems and Technologies Conference, 2006.

[110] Takegoshi M, Tomioka S, Ueda S, et al. Firing-Tests of a Rocket Combustor for Combined Cycle Engine at Various Conditions[C]. Tucson: 41st AIAA/AS ME/SAE/ASEE Joint Propulsion Conference & Exhibit, 2005.

[111] Murzionak A, Etele J. Rapid supersonic performance estimation for a novel RBCC engine inlet[J]. Aerospace Science and Technology, 2014, 32: 51 – 59.

[112] Chorkawy G, Etele J. Exchange inlet optimization by genetic algorithm for improved RBCC performance[J]. Acta Astronautica, 2017, 138: 201 – 213.

[113] Etele J, Hasegawa S, Ueda S. Experimental investigation of an alternative rocket configuration for rocket-based combined cycle engines[J]. Journal of Propulsion & Power, 2014, 30 (4): 944 – 951.

[114] Shi L, He G Q, Liu P J, et al. A rocket-based combined-cycle engine prototype demonstrating comprehensive component compatibility and effective mode transition[J]. Acta Astronautica, 2016, 128: 350 – 362.

[115] Xue R, He G Q, Wei X G, et al. Experimental study on combustion modes of a liquid kerosene fueled RBCC combustor[J]. Fuel, 2017, 197: 433 - 444.

[116] Shi L, He G Q, Qin F, et al. Rocket-Based Combined-Cycle Inlet Researches in Northwestern Polytechnical University [C]. Budapest: 9th International Conference on Mechanical and Aerospace Engineering (ICMAE), 2018: 151 - 156.

[117] Yan D K, He G Q, Qin F, et al. Effect of the heat release on the component co ordination in the rocket-based combined cycle engine[J]. Acta Astronautica, 2018, 151: 942 - 952.

[118] Bin-bin L, Hong-liang P, Fei Q, et al. Effects of Fuel-lean Primary Rocket on Bypass Ratio in RBCC Ejector Mode [C]. Cleveland: 50th AIAA/ASME/SAE/ASEE Joint Propulsion Conference, 2014.

[119] Shi L, Zhao G J, Yang Y Y, et al. Research progress on ejector mode of rocket based combined-cycle engines[J]. Progress in Aerospace Sciences, 2019, 107: 30 - 62.

[120] Dong Z Y, Sun M B, Wang Z G, et al. Survey on key techniques of rocket-based combined-cycle engine in ejector mode[J]. Acta Astronautica, 2019, 164: 51 - 68.

[121] Olds J, Bradford J. SCCREAM (Simulated Combined-Cycle Rocket Engine Analysis Module) — A conceptual RBCC engine design tool[C]. Seattle: 33rd AIAA/ASME/SAE/ASEE Joint Propulsion Conference and Exhibit, 1997: 2760.

[122] Bradford J E, Olds J R. Improvements and Enhancements to SCCREAM, A Conceptual RBCC Engine Analysis Tool[C]. Cleveland: AIAA, 98 - 3775, 34th AIAA/ASME/SAE/ASEE Joint Propulsion Conference and Exhibit, 1998.

[123] Bradford J, Olds J. SCCREAM v. 5: A Web-Based Airbreathing Propulsion Analysis Tool [C]. Los Angeles: 35th Joint Propulsion Conference and Exhibit, 1999: 2104.

[124] Olds J R, Bradford J E. SCCREAM: A Conceptual Rocket-Based Combined Cycle Engine Performance Analysis Tool[J]. Journal of Propulsion & Power, 2001, 17 (2): 333 - 339.

[125] Williams N J. A Performance Analysis of a Rocket Based Combined Cycle (RBCC) Propulsion System for Single-Stage-To-Orbit Vehicle Applications[D]. Knoxville: University of Tennessee, 2010.

[126] Mogavero A, Taylor I, Brown R E. Hybrid Propulsion Parametric and Modular Model: A Novel Engine Analysis Tool Conceived for Design Optimization[C]. Atlanta: 19th AIAA International Space Planes and Hypersonic Systems and Technologies Conference, 2014.

[127] Mogavero A, Brown R E. An Improved Engine Analysis and Optimization Tool for Hypersonic Combined Cycle Engines[C]. Glasgow: 20th AIAA International Space Planes and Hypersonic Systems and Technologies Conference, 2015.

[128] Mogavero A. Toward automated design of Combined Cycle Propulsion [D]. Glasgow: University of Strathclyde, 2016.

[129] Tran K. One Dimensional Analysis Program for Scramjet and Ramjet Flow paths [D]. Virginia: Virginia Polytechnic Institute and State University, 2010.

[130] Wang H, Yang Q, Xu X. Effect of thermal choking on ejection process in a rocket-based combined cycle engine[J]. Applied Thermal Engineering, 2017, 116: 197 - 204.

[131] Kim H S, Oh S, Choi J Y. Quasi-1D analysis and performance estimation of a sub-scale

RBCC engine with chemical equilibrium[J]. Aerospace Science and Technology, 2017, 69: 39 - 47.

[132] Yang Q, Chang J, Bao W. Thermodynamic analysis on specific thrust of the hydrocarbon fueled scramjet[J]. Energy, 2014, 76: 552 - 558.

[133] Yang Q, Shi W, Chang J, et al. Maximum thrust for the rocket-ejector mode of the hydrogen fueled rocket-based combined cycle engine[J]. International Journal of Hydrogen Energy, 2015, 40 (9): 3771 - 3776.

[134] 边九州.组合动力天基对地打击飞行器轨迹设计与覆盖范围分析[D].哈尔滨：哈尔滨工业大学,2014.

[135] Quinn J. ISTAR: Project Status and Ground Test Engine Design[C]. Huntsville: 39th AIAA/ASME/SAE/ASEE Joint Propulsion Conference and Exhibit, 2003.

[136] Bond R B. Reynolds-Averaged Navier-Stokes Analysis of the Flow through a Model Rocket-Based Combined Cycle Engine with an Independently-Fueled Ramjet Stream[D]. Raleigh: North Carolina State University, 2003.

[137] Olds J, Lee H. Application of a New Economic Analysis Tool to a two-Stage-to Orbit RBCC Launch Vehicle Design[C]. Reston: 6th Symposium on Multidisciplinary Analysis and Optimization, 1996.

[138] Kanda T, Tomioka S, Ueda S, et al. Design of sub-scale rocket-ramjet combined cycle engine model[J]. JAXA Research & Development Report, 2005, 6: 1 - 15.

[139] Kanda T, Kudo K. Conceptual study of a combined-cycle engine for an aerospace plane[J]. Journal of Propulsion & Power, 2007, 23 (2): 301 - 309.

[140] Escher W J, Flornes B J, et al. A Study of Composite Propulsion Systems for Advanced Launch Vehicle Applications[R]. Van Nuys: The Marquardt Corporation: Final Rept. for NASA Contract NAS7 - 377, 1966.

[141] 黄国强,陆宇平,南英.飞行器轨迹优化数值算法综述[J].中国科学：技术科学,2012, 42(9): 1016 - 1036.

[142] 王厚庆,何国强,刘佩进,等.以 RBCC 为动力的巡航飞行器轨迹与质量分析[J].西北工业大学学报,2006,24(6): 774 - 777.

[143] 詹浩,孙得川,邓阳平.基于 RBCC 的天地往返运载器动力方案研究[J].固体火箭技术, 2008,31(4): 354 - 357.

[144] 薛瑞,胡春波,吕翔,等.两级入轨 RBCC 等动压助推弹道设计与推进剂流量分析[J].固体火箭技术,2013,36(2): 155 - 160.

[145] Dalle D J, Driscoll J F, Torrez S M. Ascent trajectories of hypersonic aircraft: operability limits due to engine unstart[J]. Journal of Aircraft, 2014, 52 (4): 1345 - 1354.

[146] 雍恩米,陈磊,唐国金.飞行器轨迹优化数值方法综述[J].宇航学报,2008,29(2): 397 - 406.

[147] Benson D A, Huntington G T, Thorvaldsen T P, et al. Direct trajectory optimization and costate estimation via an orthogonal collocation method[J]. Journal of Guidance Control & Dynamics, 2006, 29 (6): 1435 - 1439.

[148] Zhao J, Zhou R. Reentry trajectory optimization for hypersonic vehicle satisfying complex

constraints[J]. Chinese Journal of Aeronautics, 2013, 26 (6): 1544 – 1553.

[149] Chen Q, Wang Z, Chang S, et al. Multiphase trajectory optimization for gun launched glide guided projectiles[J]. Part G: Journal of Aerospace Engineering, 2015, 230 (6): 995 – 1010.

[150] 雍恩米.高超声速滑翔式再入飞行器轨迹优化与制导方法研究[D].长沙：国防科学技术大学,2008.

[151] Wu Q, Xiong F, Wang F, et al. Parallel particle swarm optimization on a graphics processing unit with application to trajectory optimization[J]. Engineering Optimization, 2016, 48 (10): 1679 – 1692.

[152] Zhao J, Zhou R. Particle swarm optimization applied to hypersonic reentry trajectories[J]. Chinese Journal of Aeronautics, 2015, 28 (3): 822 – 831.

[153] Jia Y, Ye W, Cui P, et al. Climbing performance analysis of rocket-based combined cycle engine powered aircraft[J]. Acta Astronautica, 2019, 162: 135 – 144.

[154] Brock M A. Performance Study of two-Stage-to-Orbit Reusable Launch Vehicle Propulsion Alternatives[R]. US: Air Force Institution of Technology, 2004.

[155] 龚春林,韩璐.RBCC 可重复使用运载器上升段轨迹优化设计[J].固体火箭技术,2012, 35(3): 290 – 295.

[156] Gong C, Chen B, Gu L. Design and Optimization of RBCC Powered Suborbital Reusable Launch Vehicle[C]. Atlanta: AIAA International Space Planes and Hypersonic Systems and Technologies Conference, 2014.

[157] Kodera M, Ogawa H, Tomioka S, et al. Multi-Objective Design and Trajectory Optimization of Space Transport Systems with RBCC Propulsion via Evolutionary Al gorithms and Pseudospectral Methods[C]. National Harbor: 52nd Aerospace Sciences Meeting, 2014.

[158] Ogawa H, Kodera M, Tomioka S, et al. Multi-Phase Trajectory Optimisation for Access-to-Space with RBCC-Powered TSTO via Surrogated Assisted Hybrid Evolutionary Algorithms Incorporating Pseudo-Spectral Methods[C]. Atlanta: AIAA International Space Planes and Hypersonic Systems and Technologies Conference, 2014.

[159] Fujikawa T, Tsuchiya T, Tomioka S. Multi-Objective, Multidisciplinary Design Optimization of TSTO Space Planes with RBCC Engines[C]. Kissimmee: 56th AIAA/ASCE/AHS/ASC Structures, Structural Dynamics, and Materials Conference, 2015.

[160] Jiao X, Chang J, Wang Z, et al. Hysteresis phenomenon of hypersonic inlet at high Mach number[J]. Acta Astronautica, 2016, 128: 657 – 668.

[161] 罗世彬.高超声速飞行器机体/发动机一体化及总体多学科设计优化方法研究[D].长沙：国防科学技术大学,2004.

[162] Adami A, Mortazavi M, Nosratollahi M. A new approach in multidisciplinary design optimization of upper-stages using combined framework[J]. Acta Astronautica, 2015, 114: 174 – 183.

[163] Zhang D, Tang S, Che J. Concurrent subspace design optimization and analysis of hypersonic vehicles based on response surface models [J]. Aerospace Science and Technology, 2015, 42: 39 – 49.

［164］Lobbia M A, Suzuki K. Multidisciplinary design optimization of hypersonic transport configurations using waveriders［C］. 19th AIAA International Space Planes and Hypersonic Systems and Technologies Conference, 2014, AIAA 2014-2359, Atlanta, GA.

［165］陈小前,姚雯,欧阳琦.飞行器不确定性多学科设计优化理论与应用［M］.北京：科学出版社,2013.

［166］粟华.飞行器高拟真度多学科设计优化技术研究［D］.西安：西北工业大学,2014.

［167］Steward D V. The design structure system: A method for managing the design of complex systems［J］. Engineering Management, 1981, 28（3）：71-74.

［168］Lambe A B, Martins J R R A. Extensions to the design structure matrix for the description of multidisciplinary design, analysis, and optimization processes［J］. Structural and Multidisciplinary Optimization, 2012, 46（2）：273-284.

［169］杨磊,韦喜忠,赵峰,等.多学科设计优化算法研究综述［J］.舰船科学技术,2017,39（3）：1-5.

［170］Martins J R R A, Lambe A B. Multidisciplinary design optimization: A survey of architectures［J］. AIAA Journal, 2013, 51（9）：2049-2075.

［171］姚雯.飞行器总体不确定性多学科设计优化研究［D］.长沙：国防科学技术大学,2011.

［172］Zhao M, Cui W. On the development of bi-level integrated system collaborative optimization ［J］. Structural and Multidisciplinary Optimization, 2011, 43（1）：73-84.

［173］车竞.高超声速飞行器乘波布局优化设计研究［D］.西安：西北工业大学,2006.

［174］高度,唐硕.吸气式高超声速飞行器多学科优化设计研究［J］.计算机仿真,2011,28（3）：69-72.

［175］Lobbia M A. Multidisciplinary design optimization of waverider-derived crew reentry vehicles ［J］. Journal of Spacecraft and Rockets, 2017, 54（1）：233-245.

［176］Wang Z, Huang W, Yan L. Multidisciplinary design optimization approach and its application to aerospace engineering［J］. Chinese Science Bulletin, 2014, 59（36）：5338-5353.

［177］邹宁,冯文梁,滕杰,等.多学科设计优化方法在飞机设计中的应用研究［J］.航空工程进展,2017,8（01）：92-97.

［178］Zhang T T, Huang W, Wang Z G, et al. A study of airfoil parameterization, modeling, and optimization based on the computational fluid dynamics method［J］. Journal of Zhejiang University: Science A, 2016, 17（8）：632-645.

［179］Han Z H, Zhang Y, Song C X, et al. Weighted gradient-enhanced kriging for high-dimensional surrogate modeling and design optimization［J］. AIAA Journal, 2017, 55（12）：4330-4346.

［180］Paiva R M, Carvalho A R D, Crawford C, et al. Comparison of surrogate models in a multidisciplinary optimization framework for wing design［J］. AIAA Journal, 2010, 48（5）：995-1006.

［181］Luo J N, Lu W X. Comparison of surrogate models with different methods in groundwater remediation process［J］. Journal of Earth System Science, 2014, 123（7）：1579-1589.

［182］Namura N, Shimoyama K, Obayashi S. Kriging Surrogate Model Enhanced by Coordinate

Transformation of Design Space Based on Eigenvalue Decomposition[M]//EMO 2015：Part I. Switzerland：Springer International Publishing, 2015：321－335.

[183] Forrester A I, Keane A J. Recent advances in surrogate-based optimization[J]. Progress in Aerospace Sciences, 2009, 45：50－79.

[184] Ansari M A, Kim K Y. Evaluation of surrogate models for optimization of herringbone groove micromixer[J]. Journal of Mechanical Science and Technology, 2008, 22：387－396.

[185] Mifsud M J, MacManus D G, Shaw S. A variable-fidelity aerodynamic model using proper orthogonal decomposition[J]. International Journal for Numerical Methods in Fluids, 2016, 82：646－663.

[186] Lei S, Yang R J, Zhu P. A method for selecting surrogate models in crashworthiness optimization[J]. Structural & Multidisciplinary Optimization, 2012, 46：159－170.

[187] Liu X, Zhu Q, Lu H. Modeling multiresponse surfaces for airfoil design with multiple-output-Gaussian-process regression[J]. Journal of Aircraft, 2014, 51 (3)：740－747.

[188] Bevan R L T, Poole D J, Allen C B, et al. Adaptive surrogate-based optimization of vortex generators for tiltrotor geometry[J]. Journal of Aircraft, 2017, 54 (3)：1011－1024.

[189] 邬晓敬,张伟伟,肖华,等.一种基于响应面的翼型鲁棒优化设计方法[J].工程力学, 2015,32 (2)：250－256.

[190] Wang C, Zhang J, Zhou J. Optimization of a fan-shaped hole to improve film cooling[J]. Aerospace Science and Technology, 2016, 38 (1)：18－25.

[191] Feng Z, Yang T, Ge J, et al. Efficient Aerodynamic Optimization Using a Multiobjective Optimization Based Framework to Balance the Exploration and Exploitation[C]. Sydney：11th World Congress on Structural and Multidisciplinary Optimisation, 2015.

[192] Li Z, Wang X. A Parallel Optimization Method Based on Kriging Model[C]. Sydney：11th World Congress on Structural and Multidisciplinary Optimization, 2015.

[193] Aslam Bhutta M M, Hayat N, Farooq A U, et al. Vertical axis wind turbine：A review of various configurations and design techniques [J]. Renewable and Sustainable Energy Reviews, 2012, 16 (4)：1926－1939.

[194] Ghasemian M, Ashrafi Z N, Sedaghat A. A review on computational fluid dynamic simulation techniques for Darrieus vertical axis wind turbines[J]. Energy Conversion and Management, 2017, 149：87－100.

[195] Kumar R, Raahemifar K, Fung A S. A critical review of vertical axis wind turbines for urban applications[J]. Renewable and Sustainable Energy Reviews, 2018, 89：281－291.

[196] Li Q, Maeda T, Kamada Y, et al. Wind tunnel and numerical study of a straight bladed vertical axis wind turbine in three-dimensional analysis (Part I：For predicting aerodynamic loads and performance)[J]. Energy, 2016, 106：443－452.

[197] Zhang T T, Elsakka M, Huang W, et al. Winglet design for vertical axis wind turbines based on a design of experiment and CFD approach [J]. Energy Conversion and Management, 2019, 195：712－726.

[198] Levy D W, Zickuhr T, Vassberg J, et al. Data summary from the first AIAA computational fluid dynamics drag prediction workshop[J]. Journal of Aircraft, 2003, 40(5)：875－882.

[199] Lee-Rausch E M, Frink N T, Mavriplis D J, et al. Transonic drag prediction on a DLR－F6 transport configuration using unstructured grid solvers[J]. Computers & Fluids, 2009, 38: 511－532.

[200] Sclafani A J, DeHaan M A, Vassberg J C. OVERFLOW Drag Prediction for the DLR－F6 Transport Configuration: A DPW-II Case Study[R]. AIAA Paper 2004－0393, 2004.

[201] Laflin K R, Vassberg J C, Wahls R A, et al. Summary of data from the second AIAA CFD drag prediction workshop[R]. AIAA Paper 2004－0555, 2004.

[202] Brodersen O, Sturmer A. Drag prediction of engine-airframe interference effects using unstructured Navier-Stokes calculations[R]. AIAA Paper 2001－2414, 2001.

[203] AIAA CFD Drag Prediction Workshop[DB/OL]. https://aiaa-dpw.larc.nasa.gov/.

[204] Schmitt V, Charpin F. Pressure Distributions on the ONERA-M6－Wing at Transonic Mach Numbers, AGARD AR 138[R]. Neuilly sur Seine: Experimental Data Base for Computer Program Assessment. Report of the Fluid Dynamics Panel Working Group 04, 1979.

[205] 李素循.典型外形高超声速流动特性[M].北京: 国防工业出版社,2007.

[206] Herrmann C D, Koschel W W. Experimental investigation of the internal compression of a hypersonic intake, AIAA－2002－4130[C]. Indianapolis: 38th AIAA/ASME/SAE/ASEE Joint Propulsion Conference & Exhibit, 2002.

[207] Ding F, Shen C B, Huang W, et al. Numerical validation and back-pressure effect on internal compression flows of typical supersonic inlet[J]. The Aeronautical Journal, 2015, 119 (1215): 631－645.

[208] Spaid F W, Zukoski E E. A study of the interaction of gaseous jets from transverse slots with supersonic external flows[J]. AIAA Journal, 1968, 6(2): 205－212.

[209] Aso S, Okuyama S, Kawai M, et al. Experimental Study on Mixing phenomena in supersonic flows with slot injection[C]. Reno: 29th Aerospace Sciences Meeting, 1991.

[210] Li P, Gao Z, Zhang Z, et al. An Engineering Method of Aerothermodynamic Environments Prediction for Complex Reentry Configuration[C]. San Diego: AIAA SPACE 2014 Conference and Exposition, 2014.

[211] Ding F, Liu J, Shen C B, et al. Novel inlet-airframe integration methodology for hypersonic waverider vehicles[J]. Acta Astronautica, 2015, 111: 178－197.

[212] Tang J, Gong G, Su H, et al. Performance evaluation of a novel method of frost prevention and retardation for air source heat pumps using the orthogonal experiment design method[J]. Applied Energy, 2016, 169: 696－708.

[213] Wang Z, Wang Y, Zhuang M. Improvement of the aerodynamic performance of vertical axis wind turbines with leading-edge serrations and helical blades using CFD and Taguchi method [J]. Energy Conversion and Management, 2018, 177: 107－121.

[214] Liu X, Huang J, Mao Q. Sensitive analysis for the efficiency of a parabolic trough solar collector based on orthogonal experiment[J]. International Journal of Photoenergy, 2015, 2015: 151874.

[215] Yan L, Huang W, Zhang T T, et al. Numerical investigation of the nonreacting and reacting flow fields in a transverse gaseous injection channel with different species[J]. Acta

Astronautica, 2014, 105 (1): 17 − 23.

[216] Ou M, Yan L, Huang W, et al. Design exploration of combinational spike and opposing jet concept in hypersonic flows based on CFD calculation and surrogate model [J]. Acta Astronautica, 2019, 155: 287 − 301.

[217] Huang W, Yang J, Yan L. Multi-objective design optimization of the transverse gaseous jet in supersonic flows[J]. Acta Astronautica, 2014, 93: 13 − 22.

[218] Huang W, Pourkashanian M, Ma L, et al. Effect of geometric parameters on the drag of the cavity flameholder based on the variance analysis method [J]. Aerospace Science and Technology, 2012, 21 (1): 24 − 30.

[219] Huang W, Wang Z G, Ingham D B, et al. Design exploration for a single expansion ramp nozzle (SERN) using data mining[J]. Acta Astronautica, 2013, 83: 10 − 17.

[220] Huang W. Design exploration of three-dimensional transverse jet in a supersonic crossflow based on data mining and multi-objective design optimization approaches[J]. International Journal of Hydrogen Energy, 2014, 39 (8): 3914 − 3925.

[221] Wooldridge J M. Introductory Econometrics: A Modern Approach [M]. 6th ed. Boston: Cengage Learning, 2015.

[222] Kleijnen J P. Kriging metamodeling in simulation: A review[J]. European Journal of Operational Research, 2009, 192: 707 − 716.

[223] 姚雯.不确定性 MDO 理论及其在卫星总体设计中的应用研究[D].长沙: 国防科学技术大学,2007.

[224] Antunes A P, Azevedo J L F. Studies in Aerodynamic Optimization Based on Genetic Algorithms[J]. Journal of Aircraft, 2014, 51 (3): 1002 − 1012.

[225] Nejat A, Mirzabeygi P, Panahi M S. Airfoil shape optimization using improved multiobjective territorial particle swarm algorithm with the objective of improving stall characteristics[J]. Structural & Multidisciplinary Optimization, 2014, 49 (6): 953 − 967.

[226] Sobieczky H. Parametric airfoils and wings[J]. Notes on Numerical Fluid Mechanics, 1998, 16: 71 − 88.

[227] Sippel M, Kopp A. Progress on Advanced Cryo-Tanks Structural Design Achieved in CHATT-Project [C]. Toulouse: 14th European Conference on Spacecraft Structures, Materials and Environmental Testing, 2016: 1 − 12.

[228] Ridgway A, Sam A, Pesyridis A. Modelling a hypersonic single expansion ramp nozzle of a hypersonic aircraft through parametric studies[J]. Energies, 2018, 11 (12): 3449.

[229] Curran E T. Scramjet engines: The first forty years[J]. Journal of Propulsion and Power, 2001, 17 (6): 1138 − 1148.

[230] Wang Y J, Li J, Qin F, et al. Study of thermal throat of RBCC combustor based on one-dimensional analysis[J]. Acta Astronautica, 2015, 117: 130 − 141.

[231] Riggins D, Tackett R, Taylor T, et al. Thermodynamic Analysis of Dual-Mode Scramjet Engine Operation and Performance [C]. Canberra: 14th AIAA/AHI Space Planes and Hypersonic Systems and Technologies Conference, 2006.

[232] Billig F S. Low-speed operation of an integrated rocket-ram-scramjet for a transatmospheric

accelerator[J]. Developments in High-Speed-Vehicle Propulsion Systems, 1996, 165: 51－103.

[233] AirForce U S. US Standard Atmosphere, 1976[M]. United States: National Oceanic and Atmospheric Administration, 1976.

[234] John D, Anderson J. Fundamentals of Aerodynamics[M]. 5th ed. Singapore: McGraw-Hill Education (Asia), 2011.

[235] 安佳宁.RBCC(火箭基组合循环)引射模态研究[D].长沙: 国防科学技术大学,2011.

[236] Han S, Peddieson J, Gregory D. Ejector primary flow molecular weight effects in an ejector-ram rocket engine[J]. Journal of Propulsion and Power, 2002, 18 (3): 592－599.

[237] Zhao Z, Song W. Effect of truncation on the performance of Busemann in let[J]. Modern Applied Science, 2009, 3 (2): 168－171.

[238] Wang L, Wu Z, Chi H, et al. Numerical and experimental study on the solid fuel scramjet combustor[J]. Journal of Propulsion and Power, 2014, 31 (2): 685－693.

[239] Garg D, Hager W W, Rao A V. Pseudospectral methods for solving infinite horizon optimal control problems[J]. Automatica, 2011, 47 (4): 829－837.

[240] Garg D, Patterson M, Hager W W, et al. A unified framework for the numerical solution of optimal control problems using pseudospectral methods[J]. Automatica, 2010, 46: 1843－1851.

[241] Garg D, Patterson M A, Francolin C, et al. Direct trajectory optimization and costate estimation of general optimal control problems using a Radau pseudospectral method[J]. Computational Optimization & Applications, 2011, 49 (2): 335－358.

[242] Kuchemann D. Hypersonic aircraft and their aerodynamic problems [J]. Progress in Aerospace Sciences, 1965, 6: 271－353.

[243] 冯志高,关成启,张红文.高超声速飞行器概论[M].北京: 北京理工大学出版社,2016: 1－3.

[244] Yan X D, Jia X J, Lv S. An ascent trajectory design method with constant dynamic pressure for RBCC powered vehicle [J]. Journal of Solid Rocket Technology, 2013, 36 (6): 711－714.

[245] Lobbia M A, Suzuki K. Experimental investigation of a Mach 3.5 waverider designed using computational fluid dynamics[J]. AIAA Journal, 2015, 53(6): 1590－1601.

[246] Miller D S, Wood R M. Lee-side flow over delta wings at supersonic speeds[J]. Journal of Aircraft, 1984, 21(9): 680－686.

[247] Rodi P E. Vortex Lift Waverider Configurations[R]. AIAA－2012－1238, 2012.

[248] Duan Y H, Fan Z L, Wu W H. Research on the methods of generation and design of osculation cone waverider with constant angle of sweepback [J]. Acta Aeronautica et Astronautica Sinica, 2016, 37(10): 3023－3034.

[249] Sobieczky H, Dougherty F C, Jones K. Hypersonic Waverider Design from Given Shock Waves[C]. College Park: International Hypersonic Waverider Symposium, 1990.

[250] Chaput A J. Preliminary sizing methodology for hypersonic vehicles[J]. Journal of Aircraft, 1992, 29 (2): 172－179.

附　录

DOE 分析支撑数据

表 1　$L_{25}(5^6)$ OED 参数水平采样分布表

No.	$p1$	$p2$	$p3$	$p4$	$p5$	$p6$
1	1	1	1	1	1	1
2	1	2	2	2	2	2
3	1	3	3	3	3	3
4	1	4	4	4	4	4
5	1	5	5	5	5	5
6	2	1	2	3	4	5
7	2	2	3	4	5	1
8	2	3	4	5	1	2
9	2	4	5	1	2	3
10	2	5	1	2	3	4
11	3	1	3	5	2	4
12	3	2	4	1	3	5
13	3	3	5	2	4	1
14	3	4	1	3	5	2
15	3	5	2	4	1	3
16	4	1	4	2	5	3
17	4	2	5	3	1	4
18	4	3	1	4	2	5
19	4	4	2	5	3	1
20	4	5	3	1	4	2
21	5	1	5	4	3	2
22	5	2	1	5	4	3
23	5	3	2	1	5	4
24	5	4	3	2	1	5
25	5	5	4	3	2	1

表 2 F 检验 $F_{0.05}$ 临界值表

DoFW	DoFB									
	1	2	3	4	5	6	8	12	24	∞
1	161.4	199.5	215.7	224.6	230.2	234	238.9	243.9	249	254.3
2	18.51	19	19.16	19.25	19.3	19.33	19.37	19.41	19.45	19.5
3	10.13	9.55	9.28	9.12	9.01	8.94	8.84	8.74	8.64	8.53
4	7.71	6.94	6.59	6.39	6.26	6.16	6.04	5.91	5.77	5.63
5	6.61	5.79	5.41	5.19	5.05	4.95	4.82	4.68	4.53	4.36
6	5.99	5.14	4.76	4.53	4.39	4.28	4.15	4	3.84	3.67
7	5.59	4.74	4.35	4.12	3.97	3.87	3.73	3.57	3.41	3.23
8	5.32	4.46	4.07	3.84	3.69	3.58	3.44	3.28	3.12	2.93
9	5.12	4.26	3.86	3.63	3.48	3.37	3.23	3.07	2.9	2.71
10	4.96	4.1	3.71	3.48	3.33	3.22	3.07	2.91	2.74	2.54
11	4.84	3.98	3.59	3.36	3.2	3.09	2.95	2.79	2.61	2.4
12	4.75	3.88	3.49	3.26	3.11	3	2.85	2.69	2.5	2.3
13	4.67	3.8	3.41	3.18	3.02	2.92	2.77	2.6	2.42	2.21
14	4.6	3.74	3.34	3.11	2.96	2.85	2.7	2.53	2.35	2.13
15	4.54	3.68	3.29	3.06	2.9	2.79	2.64	2.48	2.29	2.07
16	4.49	3.63	3.24	3.01	2.85	2.74	2.59	2.42	2.24	2.01
17	4.45	3.59	3.2	2.96	2.81	2.7	2.55	2.38	2.19	1.96
18	4.41	3.55	3.16	2.93	2.77	2.66	2.51	2.34	2.15	1.92
19	4.38	3.52	3.13	2.9	2.74	2.63	2.48	2.31	2.11	1.88
20	4.35	3.49	3.1	**2.87**	2.71	2.6	2.45	2.28	2.08	1.84
21	4.32	3.47	3.07	2.84	2.68	2.57	2.42	2.25	2.05	1.81
22	4.3	3.44	3.05	2.82	2.66	2.55	2.4	2.23	2.03	1.78
23	4.28	3.42	3.03	2.8	2.64	2.53	2.38	2.2	2	1.76
24	4.26	3.4	3.01	2.78	2.62	2.51	2.36	2.18	1.98	1.73
25	4.24	3.38	2.99	2.76	2.6	2.49	2.34	2.16	1.96	1.71
26	4.22	3.37	2.98	2.74	2.59	2.47	2.32	2.15	1.95	1.69
27	4.21	3.35	2.96	2.73	2.57	2.46	2.3	2.13	1.93	1.67
28	4.2	3.34	2.95	2.71	2.56	2.44	2.29	2.12	1.91	1.65
29	4.18	3.33	2.93	2.7	2.54	2.43	2.28	2.1	1.9	1.64
30	4.17	3.32	2.92	2.69	2.53	2.42	2.27	2.09	1.89	1.62
40	4.08	3.23	2.84	2.61	2.45	2.34	2.18	2	1.79	1.51
60	4	3.15	2.76	2.52	2.37	2.25	2.1	1.92	1.7	1.39
120	3.92	3.07	2.68	2.45	2.29	2.17	2.02	1.83	1.61	1.25
∞	3.84	2.99	2.6	2.37	2.21	2.09	1.94	1.75	1.52	1